Елена Фарберова
Ангелина Виноградова

Углеродные сорбенты в процессах очистки сточных вод

Елена Фарберова
Ангелина Виноградова

Углеродные сорбенты в процессах очистки сточных вод

Биосорбция, биорегенерация

LAP LAMBERT Academic Publishing

Impressum / **Выходные данные**

Bibliografische Information der Deutschen Nationalbibliothek: Die Deutsche Nationalbibliothek verzeichnet diese Publikation in der Deutschen Nationalbibliografie; detaillierte bibliografische Daten sind im Internet über http://dnb.d-nb.de abrufbar.

Alle in diesem Buch genannten Marken und Produktnamen unterliegen warenzeichen-, marken- oder patentrechtlichem Schutz bzw. sind Warenzeichen oder eingetragene Warenzeichen der jeweiligen Inhaber. Die Wiedergabe von Marken, Produktnamen, Gebrauchsnamen, Handelsnamen, Warenbezeichnungen u.s.w. in diesem Werk berechtigt auch ohne besondere Kennzeichnung nicht zu der Annahme, dass solche Namen im Sinne der Warenzeichen- und Markenschutzgesetzgebung als frei zu betrachten wären und daher von jedermann benutzt werden dürften.

Библиографическая информация, изданная Немецкой Национальной Библиотекой. Немецкая Национальная Библиотека включает данную публикацию в Немецкий Книжный Каталог; с подробными библиографическими данными можно ознакомиться в Интернете по адресу http://dnb.d-nb.de.

Любые названия марок и брендов, упомянутые в этой книге, принадлежат торговой марке, бренду или запатентованы и являются брендами соответствующих правообладателей. Использование названий брендов, названий товаров, торговых марок, описаний товаров, общих имён, и т.д. даже без точного упоминания в этой работе не является основанием того, что данные названия можно считать незарегистрированными под каким-либо брендом и не защищены законом о брендах и их можно использовать всем без ограничений.

Coverbild / Изображение на обложке предоставлено: www.ingimage.com

Verlag / Издатель:
LAP LAMBERT Academic Publishing
ist ein Imprint der / является торговой маркой
OmniScriptum GmbH & Co. KG
Heinrich-Böcking-Str. 6-8, 66121 Saarbrücken, Deutschland / Германия
Email / электронная почта: info@lap-publishing.com

Herstellung: siehe letzte Seite /
Напечатано: см. последнюю страницу
ISBN: 978-3-659-46442-3

Copyright / АВТОРСКОЕ ПРАВО © 2013 OmniScriptum GmbH & Co. KG
Alle Rechte vorbehalten. / Все права защищены. Saarbrücken 2013

Оглавление

Введение 3

Обзор методов регенерации твердых сорбентов 5

    Химическая регенерация 5

    Методы вытеснительной десорбции 6

    Методы экстракционной регенерации 7

    Методы термической регенерации 8

    Биологические методы регенерации 11

    Факторы, влияющие на эффективность процесса биорегенерации 14

Материалы и методы исследований 18

Биохимическая регенерация углеродных сорбентов, насыщенных нефтепродуктами 19

Изучение процесса биорегенерации углеродных сорбентов, насыщенных фенолом 27

Исследование возможности биохимической регенерации композиционного сорбента, отработанного по ионам тяжелых металлов 33

    Синтез углеродного композиционного сорбента и исследование его свойств 33

    Биорегенерация отработанного композиционного сорбента 37

Углеродный биосорбент для извлечения ионов меди (II) из жидких сред и его регенерация 45

Заключение 55

Литература 56

1

Введение

Адсорбционные методы очистки воды с использованием твердых сорбентов в последнее время находят все большее применение. Их использование в процессах водоподготовки и водоочистки обусловлено тем, что обеспечивается высокая степень извлечения поллютантов, стабильность процесса при неожиданных залповых выбросах загрязнений, экономичность, связанная с возможностью их регенерации.

Адсорбционная очистка эффективна во всем диапазоне концентраций загрязнений в воде, однако, более всего ее преимущества проявляются на фоне других методов очистки при низких концентрациях загрязнений.

При адсорбции растворенных веществ из жидких систем происходит поглощение как молекул загрязнений, так и среды. Для очистки водных растворов характерна конкуренция двух видов межмолекулярных взаимодействий: гидратация молекул адсорбтива и взаимодействие молекул адсорбтива с адсорбентом [1].

Наиболее распространенными адсорбентами для очистки воды являются активные угли [АУ]. С их помощью возможно практически полное удаление из растворов почти всех органических соединений, а при определенных условиях — и некоторых токсических ионов неорганических веществ.

На международном рынке адсорбентов, применяемых в промышленности, доля активных углей составляет около 40% [2].

Уникальность физико-химических свойств активных углей — высокая емкость, стабильная поглотительнвя способность, минимальное каталитическое воздействие на очищаемые среды, достаточная прочность и, самое главное, гидрофобность, определяют широкую область их применения.

Очистка сточных вод активными углями представляет самостоятельный технологический процесс или отдельную стадию в комплексе с другими методами (коагуляция, флотация и т.п.), в которых сорбция на активных углях играет основную роль.

Обычно сорбцию активными углями используют при удалении трудноокисляемых и специфических органических загрязнений из сточных вод, например, одной из наиболее действенных мер защиты от загрязнений поверхностных вод является углесорбционная очистка сточных вод от нефтепродуктов. Применение активных углей в процессах доочистки воды после ее биохимической обработки позволяет удалить до 80% микроорганизмов [3].

Для вышеуказанных целей применяют, как правило, крупнозернистые угли марок АГ-3, АР-3, КАД, БАУ-А, которые имеют поры с широким распределением по размерам, обеспечивающим извлечение из сточных вод большого спектра загрязнений (фенолов, диоксинов, гуминовых кислот, хлорорганических соединений и т. д.)

Однако применение методов очистки сточных вод с использованием пористых сорбентов приводит к формированию и накоплению твердых отходов — отработанных активных углей, т.е. к загрязнению окружающей среды.

Эффективность применения углеродных сорбентов может быть обеспечена только в случае их многократного использования, для чего требуется регенерация насыщенных сорбтивом АУ. Анализ физико-химических процессов, обуславливающих снижение сорбционной способности АУ при их эксплуатации в процессах очистки воды, показывает, что только правильно организованная регенерация отработанных сорбентов обеспечивает полное восстановление их адсорбционных свойств и позволяет многократно (до 5–7 раз) их использовать [4].

Обзор методов регенерации твердых сорбентов

Известен ряд основных методов регенерации сорбентов: химический, вытеснительной десорбции, экстракционный, термический, биологический и др. [5].

Химическая регенерация

Химическая регенерация — это обработка использованного сорбента жидкими или газообразными органическими или неорганическими реагентами при температуре, как правило не выше 100°С. В результате такой обработки сорбат либо десорбируется без изменения химического состава, либо десорбируются продукты его взаимодействия с регенерирующим агентом. Химическую регенерацию часто проводят непосредственно в адсорбционном аппарате. Самый простой метод химической регенерации АУ — это нагревание отработанного сорбента в воде, что приводит к увеличению степени диссоциации и растворимости сорбата и, в итоге, к частичной его десорбции. Иногда достаточно просто аэрировать отработанные АУ в воде — что также приводит к частичной их регенерации.

Слабые органические электролиты достаточно просто десорбируются с угля при переводе их в диссоциированную форму путем изменения рН на 3–4 единицы. Диссоциированные ионы сорбата переходят в раствор в объеме пор, откуда затем вымываются регенерирующим раствором или водой [6].

Из всех методов химической регенерации углей наибольшее распространение в водоподготовке получила обработка АУ растворами гидроксида и карбоната натрия. Десорбция органического сорбата с АУ растворами кислот используется сравнительно редко. Чаще кислоты служат окислителями сорбата на угле. Окислителем органического сорбата может служить и перекись водорода.

По окончании обработки АУ растворами неорганических веществ сорбент промывают теплой или холодной водой, а иногда для стабилизации рН растворами, содержащими противоположнозаряженные ионы.

Таким образом, общим для любых способов химической регенерации отработанных углей является приготовление, хранение и подача регенерирующих растворов; циркуляция этих растворов через слой адсорбента; сбор и очистка отработанных элюатов; ликвидация кубового остатка; отмывка паром или водой активного угля от остатков реагентов.

Любой метод химической регенерации приводит к формированию и накоплению отработанных растворов, которые в свою очередь также требуют очистки. Сточные воды иногда после физико-химической очистки и всегда после биохимической содержат загрязнения, которые после адсорбции на угле не десорбируются химическими методами, осмоляются, закрывая активное поровое пространство сорбента. В этом случае эффективна лишь термическая регенерация.

Методы вытеснительной десорбции

Вытеснительная десорбция осуществляется путем вытеснения из адсорбента поглощенного вещества (адсорбата) другим компонентом, являющимся вытеснителем (десорбентом), к которому предъявляются следующие требования:

- хорошая сорбируемость;
- способность активно вытеснять поглощенные компоненты из адсорбента;
- пожаро- и взрывобезопасность;
- экологическая безопасность (нетоксичность);
- низкая стоимость.

В качестве компонента-вытеснителя органических веществ из адсорбента могут применяться такие вещества, как аммиак, диоксид углерода, вода и т.д. При выборе десорбирующего агента необходимо учитывать, что адсорбент должен не только эффективно удалять адсорбат, но и сам эффективно удаляться в последующем [4].

Методы экстракционной регенерации

Для десорбции органического сорбата часто используют прием экстракции. С этой целью применяют низкокипящие легко перегоняющиеся с водяным паром органические растворители (спирты, ацетон, хлороформ, дихлорэтан, бензол, бутилацетат) с последующей отгонкой отработанного растворителя. Важно, чтобы:

- растворимость сорбата в растворителе была выше, чем в воде;
- коэффициент распределения сорбата при экстракции его растворителем из воды был возможно большим;
- растворитель хорошо смачивал АУ;
- имел низкую температуру кипения и вязкость;
- был негорючим и невзрывоопасным;
- легко десорбировался с активного угля после регенерации и разгонялся для возврата его для следующего цикла обработки.

Предварительная щелочная промывка активного угля повышает эффект последующей экстракции растворителями за счет сдвига pH и частичного гидролиза сорбата. Экстракционная регенерация углей от многокомпонентного сорбата более эффективна при сочетании с химической регенерацией с последовательной обработкой несколькими реагентами в жестких условиях. Как правило, подобную обработку ведут вне адсорбера в специальных коррозионно-стойких теплоизолированных аппаратах — регенераторах.

Общим для любых способов регенерации углей с использованием химических реагентов является наличие и использование реагентного хозяйства. Это условие связано с приготовлением, хранением и циркуляцией регенерирующих растворов, с дальнейшим сбором и очисткой отработанных элюатов, что обеспечивает возвращение восстановленной части сорбата в рабочий цикл. Неиспользуемая далее часть сорбата ликвидируется путем сжигания кубового остатка. Регенерированный активный уголь должен быть тщательно отмыт паром или водой от остатков реагентов [4, 5].

Методы термической регенерации

Низкотемпературная термическая регенерация (НТР) — это обработка использованного сорбента паром или газами при температуре 100–400°C. Этот процесс достаточно прост и во многих случаях проводится непосредственно в адсорберах. Водяной пар, обладающий высокой энтальпией и хорошей десорбирующей способностью, чаще других используется для НТР. Метод безопасен и доступен в производственных условиях.

Использование же горячего воздуха при НТР осложняется возможностью самовозгорания АУ.

В настоящее время НТР использованного в процессе очистки сточных вод АУ применяется достаточно редко. При многократном использовании восстановленного этим методом АУ в процессе очистки сточных вод наблюдается постепенное снижение активности сорбента; за 6 рабочих циклов емкость сорбента может снижаться наполовину.

Химический и низкотемпературный методы регенерации отработанного АУ несмотря на ряд преимуществ во многих случаях, в том числе при глубокой очистке и доочистке сточных вод, содержащих многокомпонентные загрязнения, не обеспечивают полного восстановления сорбционной емкости сорбента.

Накопление на угле недесорбировавшихся и неразложившихся загрязнений приводит к непрерывному и постепенно ускоряющемуся падению сорбционной емкости и сокращению времени межрегенерационных периодов. Кроме того, возникает проблема вторичного загрязнения, так как регенерирующие газы и растворы необходимо обезвреживать, а сорбент через несколько циклов отправлять в отвал.

В этом случае используют регенерацию отработанного АУ в жестких условиях, приближенных к технологии получения сорбента, — к высокотемпературной или термической регенерации (ТР). В этом случае не только восстанавливаются сорбционные свойства АУ, но и ликвидируется сорбат. Температура ТР колеблется в пределах 650–1000°C, а процесс осуществляется в среде водяного пара или диоксида углерода.

Неупорядоченность строения АУ, наличие дефектов и примесей в микрокристаллах графита обуславливают нестабильность физических свойств углеродных сорбентов при их нагревании. Важнейшим процессом в углях, происходящим при нагревании и влияющим на сорбционные свойства, является графитизация — рост микрокристаллов графита и упорядочение их расположения. Графитизация сопровождается уменьшением площади поверхности и количества на ней активных центров, что снижает сорбционную способность АУ [7].

Углеродные сорбенты, обладая огромной поверхностью, легко вступают во взаимодействие с компонентами регенерирующей среды (CH_4, H_2, H_2O, CO, CO_2, O_2) и продуктами десорбции и деструкции сорбата.

Наиболее распространенным методом ТР является регенерация с использованием в качестве окислителя водяного пара при 750–950°C. Изменения в режиме термообработки оказывают большое влияние на свойства исходного угля и сорбата. В процессе термической обработки отработанного угля возможны: неполная деструкция сорбата и окисление углерода сорбента, которые приводят к изменению его пористой структуры и сорбционных свойств. Однако, этот метод, обеспечивающий практически полное восстановление сорбционной емкости, весьма сложный, многостадийный процесс, затрагивающий не только сорбат, но и сам сорбент. При этом в каждом цикле регенерации наблюдаются потери АУ до 10% в следствие обгара и истирания [8]. Для проведения ТР необходимо специальное дорогостоящее оборудование. Стоимость такой регенерации может составлять до 50%

стоимости нового активного угля. Кроме того, применение ТР приводит к образованию газовых выбросов, требующих дополнительной очистки.

Многообразие вариантов десорбции вызвано стремлением снизить затраты на регенерацию адсорбента, доля которых в общей стоимости процессов очистки достигает 50–70%. Применяются комбинированные методы десорбции, представляющие собой сочетание нескольких указанных способов, либо проведение стадии десорбции разделяется на несколько этапов, за счет изменения режимов.

Для снижения затрат на десорбцию применяются также различные конструктивные решения, позволяющие интенсифицировать процесс десорбции как в неподвижных, так и в псевдоожиженных слоях адсорбента. Независимо от используемой методики, процесс десорбции проводится за счет ослабления адсорбционных сил путем повышения температуры адсорбента в аппаратах различных конструкций, путем обдува насыщенного адсорбента потоком десорбирующего газа и т.п. Процесс десорбции состоит в отрыве молекул адсорбата за счет ослабления адсорбционных сил, диффузии внутри пор адсорбента к наружной поверхности, диффузии с поверхности адсорбента в поток десорбирующего газа и унос из слоя адсорбента. В зависимости от условий проведения процесса десорбции лимитировать общую скорость процесса может любой из указанных элементарных актов.

Регенерация сорбентов в адсорбере, как правило, требует тщательной защиты их внутренней поверхности (гуммирование, создание пленки из синтетических материалов), а при использовании методов восстановления с нагреванием выше 100°С — изготовления их из нержавеющих материалов, что резко увеличивает стоимость аппаратов.

В большинстве случаев сушка является обязательной вспомогательной стадией регенерации адсорбента при десорбции водяным паром, так как содержание влаги резко снижает активность углеродного сорбента. Охлаждение адсорбента обычно осуществляется атмосферным воздухом.

Поскольку известные методы регенерации имеют существенные недостатки (применение высоких температур, различных реагентов, проведение дополнительных стадий и т.д.), перспективным направлением регенерации АУ может стать разработка биохимических методов удаления сорбата из пор угля за счет окислительной активности микроорганизмов, закрепленных на его поверхности.

Биологические методы регенерации

Анализ известных методов регенерации отработанных АУ указывает на необходимость поиска более эффективных, экономически выгодных и более экологичных способов восстановления их сорбционной активности. Возможной альтернативой таким методам является биорегенерация. В работе [5] описывается метод биорегенерации, осуществляемый за счет введения активного ила в процессе химической регенерации АУ при аэрировании системы. Так порошкообразный АУ (ПАУ) после биосорбционной очистки стоков длительное время аэрировался воздухом [9]. Это приводило к восстановлению до 90% емкости ПАУ, что не исключало необходимости периодической термической регенерации.

Авторами [10] изучена раздельная и совместная биорегенерация АУ, насыщенного ПАВ неионогенной природы — полиэтиленоксидом. Показано, что степень раздельной биорегенерации достигала 50–53%, а совместной — в среднем 33–35%.

В статье [11] приведены результаты исследования количественной оценки степени спонтанной биорегенерации АУ марок КАУ-1 и КАУ-ТФ с нативной биопленкой в процессе длительной эксплуатации фильтра при доочистке питьевой воды. Показано, что различия в протекании биорегенерации АУ обусловлены свойствами самих углей и условиями их эксплуатации.

Опубликованные работы [12, 13] по исследованию биорегенерации АУ посвящены преимущественно использованию специально инокулированных микроорганизмов и предусматривают осуществление процесса в определенных условиях в отдельном аппарате.

Эффективность биологических методов регенерации активного угля в различных работах оценивается по-разному. Так в работе Кагановского А.М. и др. [14] приводятся результаты исследования процесса регенерации активного угля АГ-3, насыщенного красителем активным ярко красным 5СХ, с использованием штамма микроорганизмов Bacillus polymyxa. Биорегенерацию отработанного активного угля осуществляли путем смешивания его с биомассой 24-часовой культуры вышеуказанного штамма в соотношении 8:1 с последующим выдерживанием в течение четырех суток при температуре 32°С. Биологически обработанный АУ отмывался от микроорганизмов и продуктов их жизнедеятельности. Авторы отмечают отсутствие адсорбата в промывных водах, что может свидетельствовать о биоокислении красителя в процессе биорегенерации. По их утверждению, биорегенерация позволила восстановить сорбционную емкость АУ на 70% в первом цикле. Последующее использование отрегенерированного АУ приводило к снижению его сорбционной емкости.

Биорегенерация АУ представляет собой процесс метаболизма десорбированных органических соединений микроорганизмами, прикрепленными к поверхности угля. Сущность метода заключается в том, что микроорганизмы, адаптированные к органическому субстрату, адсорбированному на поверхности АУ, используют его в качестве источника питания и энергии [12]. Скорость биорегенерации контролируется диффузией сорбированного субстрата к внешней поверхности гранул угля, где происходит его биодеградация.

На сегодняшний день не существует единого мнения о механизме протекания процесса биорегенерации. В литературе обсуждаются две не исключающие друг друга гипотезы [10, 15, 16, 17].

Предлагается гипотеза об осуществлении экзоэнзиматической реакции, в основе которой лежит тот факт, что размеры клеток бактерий (~ 10 нм) велики для проникновения в микропоры АУ (< 2 нм), но при этом некоторые экзоферменты микроорганизмов могут легко диффундировать в микропоры, осуществляя окисление адсорбированного в них субстрата. Ввиду ослабления адсорбционного сродства продуктов ферментативного окисления последние становятся доступными для биодеградации клетками бактерий. В этом случае субстрат постепенно диффундирует из пор АУ к его поверхности и подвергается биоокислению микроорганизмами.

Существует мнение, что механизм биоокисления подразумевает десорбцию только под действием градиента концентрации и недесорбированные соединения в нем не могут быть подвергнуты биодеградации, поскольку поры АУ, в которых экзоферменты могут катализировать окисление субстрата, должны быть больше чем 10 нм. Таким образом, экзоферментативная активность микроорганизмов возможна в мезо- и макропорах. Однако биорегенерация в них будет происходить достаточно медленно ввиду низкой скорости диффузии гидролитических ферментов в пространство пор.

Сироткин А.С. [10] предполагает, что десорбция загрязнителей из микропор происходит благодаря действию обратного концентрационного градиета, а десорбция из мезопор — в результате активности ферментов.

В процессе биорегенерации концентрация адсорбата на поверхности АУ постепенно увеличивается за счет ее снижения в среде под действием биохимической активности микроорганизмов. Адсорбированное органическое вещество десорбируется, т.к. при достижении некоторой критической скорости биоокисления в биопленке и жидкости возникает обратный адсорбции концентрационный градиент. Более того, градиент концентрации, разница свободной энергии Гиббса адсорбируемых молекул в растворе и модифицированных молекул адсорбата внутри пор АУ являются движущей силой процесса биорегенерации.

Для того, чтобы процесс биорегенерации был эффективным, должны быть соблюдены определенные микробиологические и технологические условия [18]:

- присутствие микробного агента, способного утилизировать субстрат;
- присутствие минеральных веществ (источников азота, фосфора, и т.п.);
- создание оптимальных условий для жизнедеятельности микроорганизмов (температура, концентрация растворенного кислорода, pH среды, и др.);
- оптимальное соотношение между концентрациями микроорганизмов и адсорбата.

В работе [15] также указывается на необходимость установления в системе равновесия процессов адсорбции — десорбции значения величины времени удерживания и пространственного распределения молекул адсорбата в порах АУ. Биорегенерация отработанных АУ возможна благодаря тому, что микроорганизмы способны закрепляться главным образом на поверхности угля или на поверхности крупных пор. Влияние адгезии микроорганизмов на их биохимическую активность изучено для различных марок АУ, полученных методом парогазовой активации. Показано, что некоторые марки углей сами могут стимулировать активность метаболических процессов микроорганизмов. Однако, такие характеристики АУ как pH поверхности, содержание кислородсодержащих функциональных групп, поверхностный заряд и т.п. не влияют на биологическую активность микроорганизмов.

Факторы, влияющие на эффективность процесса биорегенерации

Из литературных источников известно, что для проведения эффективной биорегенерации должны быть определенные микробиологические и технологические предпосылки: присутствие микробного агента, способного утилизировать адсорбат, присутствие минеральных веществ (источников азота, фосфора, серы), создание оптимальных условий для жизнедеятельности микроорганизмов (температура, концентрация растворенного кислорода и др.) и оптимизация соотношения между концентрацией микроорганизмов и концентрацией адсорбата. Также существенное значение оказывают такие факторы, как установление равновесия процесса адсорбции-десорбции, значение времени удерживания, пространственное распределение молекул в порах угля и др.

Тип субстрата

Степень биорегенерции зависит от типа адсорбированного соединения. Так, например, фенол, имеющий маленькую энергию адсорбции Гиббса, лучше подвергается биорегенерации, чем неионогенные и анионные ПАВы. Угли, насыщенные алкилзамещенными фенолами проявляют меньшую способность к биорегенерации, которая уменьшается с увеличением роста алькильной цепи.

Способность субстрата к биохимичекому окислению

Теории биорегенерации обычно разрабатываются для медленно деградируемых и адсорбирующихся органических соединений. Медленно деградируемые соединения могут быть подвергнуты биодеградации, если обеспечивается достаточное время для контакта с биомассой. В системе с активным илом, нанесенным на АУ, эти соединения контактируют с биомассой в течение длительного времени, эквивалентного времени жизни активного ила, если они адсорбируются на АУ и, таким образом, входят в состав твердой фазы. Исходя из этого, степень биорегенерации должна быть выше с увеличением продолжительности жизни активного ила. С другой стороны, легко деградируемые органические вещества обычно плохо адсорбируются и могут быть удалены с помощью простой биологической очистки.

Пористость АУ

Пористая структура АУ также является важным фактором, определяющим как скорость, так и полноту прохождения биорегенерации. Клименко Н.А. [19] полагает, что в основном увеличение мезопористости улучшает доступ микроорганизмов к адсорбату.

Физические свойства поверхности АУ

Микроорганизмы главным образом прикрепляются к внешней поверхности АУ. Влияние адгезии микроорганизмов на бактериальную активность было изучено для различных марок активированных острым паром АУ. В результате проведения экспериментов было показано, что некоторые АУ могут стимулировать бактериальную активность, а также то, что некоторые характеристики поверхности АУ (pH поверхности, кислородсодержащие функциональные группы, поверхностный заряд и др.) не относятся к факторам, стимулирующим биологическую активность.

Кинетика десорбции

Скорость десорбции зависит от условий роста микрооргнизмов, гидродинамики в аппарате, метаболической активности микроорганизмов, типа и плотности частиц АУ. С ростом поверхностной диффузии субстрата, растет и возможность проведения и полнота биорегенерации. Распределение пор АУ по размерам влияет на кинетику десорбции.

Время контакта АУ с биомассой

Концентрация адсорбированного на АУ соединения уменьшается с увеличением времени контакта между АУ и сорбатом. Продолжительность процесса биорегенерации может быть также одним из параметров, оказывающих огромное влияние на степень биорегенерации, и зависит в большей степени от срока жизни микроорганизмов.

Тип микроорганизмов

Важный фактор, определяющий процесс биорегенерации — это природа микробной популяции, используемой для процесса биорегенерации. В частности для случая медленно деградируемых соединений требуются специальные штаммы или выделенные и адаптированные для исследуемого соединения микроорганизмы.

Концентрация биомассы

Фактором, определяющим степень биорегенерации, может служить концентрация биомассы. Биорегенерация зависит от соотношения биомассы к массе АУ, поскольку предполагается, что частицы АУ будут окружены бактериями.

Концентрация растворенного кислорода

Поскольку процесс биорегенерации включает стадию биодеградации, доступность растворенного кислорода в аэробной системе также является важным фактором, определяющим степень биорегенерации. Уровень растворенного кислорода в системе необходимо контролировать в течение всего процесса биорегенерации, поскольку в такой системе большое количество адсорбированного субстрата становится очень быстро доступным для микроорганизмов.

Материалы и методы исследований

В настоящей работе рассматривается возможность использования клеток микроорганизмов для осуществления процессов биорегенерации активных углей, отработанных в процессах очистки сточных вод, содержащих нефтепродукты, фенол, и ионы тяжелых металлов (Cu^{2+}, Zn^{2+}, Cd^{2+}).

В качестве углеродного сорбента использовали древесный активный уголь марки БАУ производства ОАО «Сорбент» (г. Пермь) со следующими характеристиками: pH водной вытяжки — 7,97; объем пор, $см^3/г$: суммарный (по воде) — 2,004, микропор — 0,24, мезопор — 0,17.

Объем макропор, в которых может происходить адгезия микроорганизмов, для БАУ составляет более 80% от общего объема пор.

В экспериментах использовали образцы АУ, которые предварительно обеспыливали, высушивали при 110^oC, фракционировали и стерилизовали при температуре 160^oC.

Пробы подготовленного активного угля насыщали соответствующим поллютантом из модельного раствора и помещали в суспензию микроорганизмов для осуществления процессов биоокисления и биорегенерации.

В качестве биологического агента регенерации отработанных образцов АУ использовали консорциумы микроорганизмов, полученные методом накопительных культур и адаптированные к исследуемому субстрату.

Биохимическая регенерация углеродных сорбентов, насыщенных нефтепродуктами

Нефть и нефтепродукты — наиболее масштабные загрязнители окружающей среды, попадающие в природные объекты в результате добычи, транспортировки, переработки нефти, а также при технологических и аварийных выбросах [20].

При попадании в водоемы нефть и нефтепродукты в зависимости от состава образуют загрязнения различного рода: нефтяную пленку, плавающую на поверхности воды, эмульгированные или растворенные в воде нефтепродукты, а также осадки тяжелых фракций, оседающие на дне водоемов. Это приводит к изменению вкуса, запаха, окраски, поверхностного натяжения и вязкости воды, уменьшает количество растворенного кислорода, что в целом нарушает естественные биологические процессы. Всего 12 граммов нефти делают тонну воды непригодной для потребления.

В настоящее время существует и разрабатывается множество методов по предотвращению нефтяных разливов и удалению последствий подобных загрязнений.

Для удаления нефтепродуктов из водных систем используются методы отстаивания, улавливания в нефтеловушках, а также адсорбционные методы с использованием сорбентов [21, 22]. Более глубокая очистка водоемов осуществляется путем биологического окисления. Так как применение отстойников и нефтеловушек в природных водоемах маловероятно, более целесообразным является адсорбционный способ.

В настоящее время для ликвидации разливов нефти используется более двух сотен различных видов неорганических и органических сорбентов, как природного происхождения, так и искусственно полученных. Выбор наиболее эффективного сорбента определяется, главным образом, его емкостью по отношению к нефтепродуктам, степенью гидрофобности, плавучестью после сорбции, возможностью его регенерации или утилизации. Вышеперечисленным требованиям наиболее удовлетворяют активные угли, полученные на основе древесного сырья. Однако и при сорбции нефти активными углями накапливаются твердые отходы, требующие регенерации. Известны два основных способа регенерации отработанных активных углей: химический и термический, которые не получили широкого распространения.

Нефть и нефтепродукты являются углеродсодержащим питательным субстратом для определенного вида микроорганизмов. Именно на этом основаны биологические методы очистки загрязненных сточных и природных вод, позволяющие достигать высокой степени биодеградации загрязнителей. Однако процессы биоокисления эффективно протекают лишь при низких концентрациях нефти, а эффект достигается по истечении длительного времени.

В настоящей работе изучен процесс биологической регенерации углеродных сорбентов, использованных при очистке сточных вод от нефтепродуктов. Этот способ основан на том, что активный уголь, отработанный по нефтепродуктам, подвергается воздействию микроорганизмов-деструкторов нефти. В результате сорбции микроорганизмов на поверхности сорбента с образованием биоплёнки, происходит окисление и разрушение адсорбированных органических веществ [23].

Взаимное влияние микроорганизмов-деструкторов нефти, активированного угля и питательной среды в растворе, загрязненном нефтепродуктами изучено при их одновременном внесении в модельный раствор сточной воды с содержанием нефтепродуктов 1,0 мг/дм^3, в соотношении Т/Ж 1:10. При этих условиях не наблюдалось изменений ХПК очищаемого раствора в течение первых 36 часов. В течение этого периода в очищаемой воде не обнаружено присутствия клеток микроорганизмов-деструкторов нефти. К 48-ому часу эксперимента наблюдалось снижение ХПК очищаемой воды с 560 мг O_2/л до 160 мг O_2/л, при этом зафиксировано появление отдельных клеток микроорганизмов в отобранных пробах воды. Снижение ХПК раствора до 10 мг O_2/л наблюдалось к 72-ому часу контакта эксперимента (рис. 1, 2).

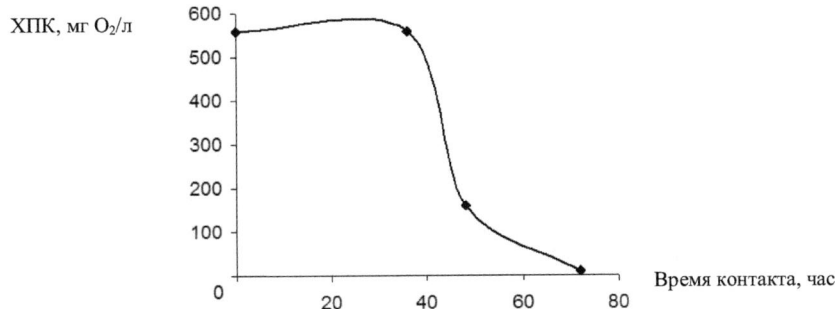

Рис.1. Изменение ХПК очищаемого раствора от времени контакта с сорбентом и биомассой микроорганизмов.

При совместном присутствии в воде нефтепродуктов и микроорганизмов-деструкторов нефти на поверхности активного угля сорбируются прежде всего микроорганизмы, которые и развиваются в течение двух суток, о чем свидетельствует постоянство ХПК раствора в этот период. С увеличением времени контакта концентрация клеток микроорганизмов в очищаемом растворе увеличивается незначительно, в то время как его ХПК резко уменьшается, что может объясняться окислением нефтепродуктов непосредственно на поверхности угля.

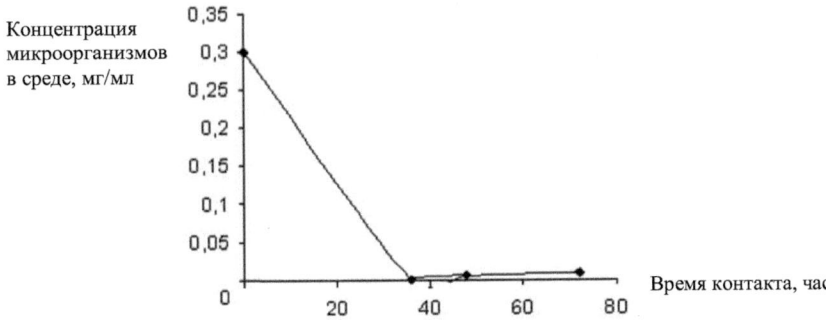

Рис.2. Концентрация микроорганизмов в среде в зависимости от времени контакта с сорбентом.

Исследование процесса биорегенерации насыщенного нефтепродуктами активного угля осуществляли следующим образом: в приготовленную питательную среду, содержащую клетки микроорганизмов в соотношении Т/Ж 1:10, помещали образец активного угля, насыщенный нефтепродуктами и контролировали изменение микробной биомассы и изменение ХПК раствора в зависимости от времени проведения процесса.

В течение 48 часов наблюдалось отсутствие микроорганизмов и только через 72 часа в среде зафиксировано присутствие отдельных клеток, количество которых не менялось на протяжении последующих четырёх суток.

Активный уголь после микробиологической обработки промывали физиологическим раствором, и повторно использовали для очистки сточной воды с содержанием нефтепродуктов 1 мг/дм^3 (ХПК 560 мг О$_2$/л.) Степень биорегенерации оценивали по величине сорбционной способности угля в повторном цикле сорбции.

Полнота процесса биорегенерации зависела от продолжительности воздействия микроорганизмов на активный уголь, насыщенный нефтепродуктами. Практически полная регенерация отработанного АУ наблюдалась при ее длительности 6–7 суток (табл. 1).

Таблица 1

Влияние времени биорегенерации АУ, отработанного по нефтепродуктам, на восстановление его сорбционной способности

Время регенерации 3 суток		Время регенерации 4 суток		Время регенерации 5 суток		Время регенерации 6 суток		Время регенерации 7 суток	
ВК	ХПК	ВК	ХПК	ВК	ХПК	ВК	ХПК	ВК	ХПК
20	540	20	340	20	260	20	220	20	60
40	508	40	300	40	240	40	80	40	39
60	460	60	300	60	200	60	30	60	20
120	460	120	300	120	200	120	30	120	20
180	460	180	300	180	180	180	30	180	20
240	460	240	300	240	180	240	30	240	20
300	460	300	300	300	180	300	28	300	20

ВК — время контакта отрегерированного АУ с очищаемым раствором, мин; ХПК — остаточное значение ХПК очищаемого раствора, мг О$_2$/л; МО — наличие микроорганизмов в среде.

Более наглядно данные табл. 1 иллюстрируют кривые рис. 3.

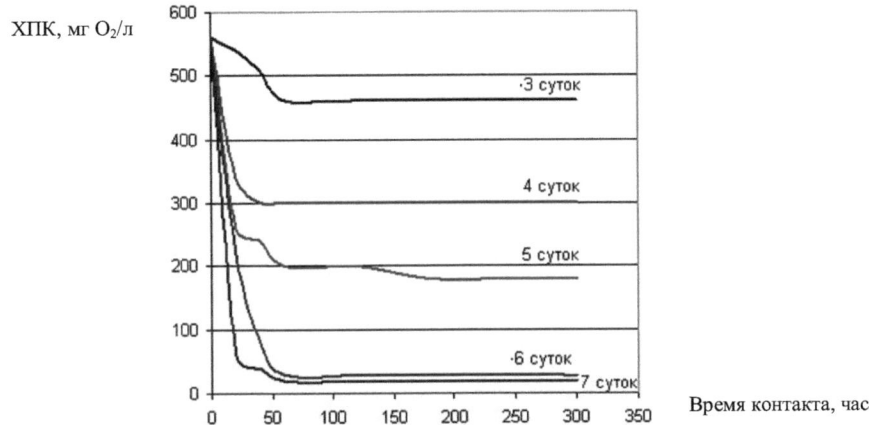

Рис. 3. Зависимость ХПК очищаемого раствора от времени контакта с активным углем, прошедшим биорегенерациюв течение 3—7 суток.

Минимальное значение ХПК очищаемого раствора (20 мг O_2/л) зафиксировано через 60 минут при использовании отработанного по нефтепродуктам активированного угля, прошедшего регенерацию с помощью микроорганизмов-деструкторов нефти в течение 7 суток, при этом были обнаружены отдельные клетки микроорганизмов в анализируемых пробах воды. Сорбенты, подвергнутые биорегенерации в течение меньшего времени не восстановили первоначальную сорбционную способность.

Повторное использование отрегенерированного в течение 7 суток активного угля для очистки модельного раствора позволило через 20 минут снизить ХПК раствора с 560 мг O_2/л до 60 мг O_2/л, а через 60 минут до — 20 мг O_2/л (рис. 4).

Использование для очистки модельного раствора исходного активного угля в аналогичных условиях привело к снижению ХПК очищаемого раствора в течение первых 20 минут с 560 мгO_2/л лишь до 300 мгO_2/л, а через час до — 20 мгO_2/л. Полученные данные можно объяснить метаболизмом микроорганизмов, закрепившихся на поверхности активного угля в процессе биорегенерации.

23

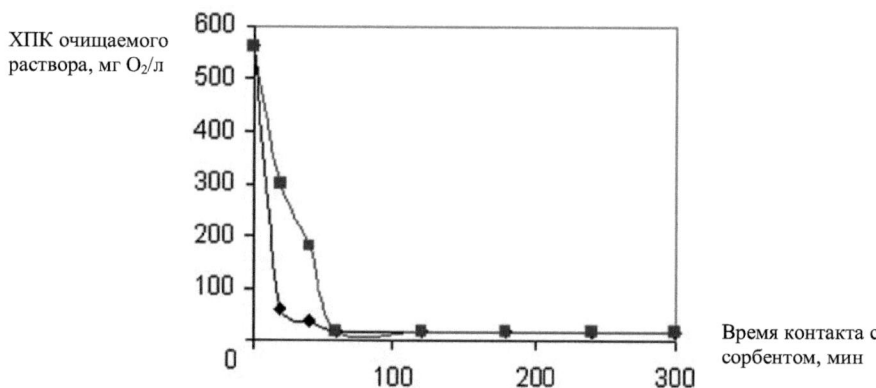

Рис.4. Изменение ХПК очищаемого раствора при повторном использовании АУ, биорегенерированного в течение 7 суток: ◆ — АУ после биорегенерации, ■ — исходный АУ.

Исследована возможность многократного использования активного угля в циклах сорбции — биорегенерации. Результаты изменения ХПК очищаемого раствора в зависимости от времени сорбционного процесса иллюстрируют данные, представленные в табл. 2.

Таблица 2

Влияние количества циклов сорбции — биорегенерации на сорбционные свойства активного угля в процессе очистки раствора от нефтепродуктов (ХПК исх. 560 мг O$_2$/л)

2-ой цикл регенерации		3-ий цикл регенерации		4-ый цикл регенерации	
Время контакта, мин.	ХПК, мг O$_2$/л	Время контакта, мин.	ХПК, мг O$_2$/л	Время контакта, мин.	ХПК, мг O$_2$/л
20	50	20	56	20	180
40	40	40	42	40	70
60	20	60	20	60	30
120	20	120	20	120	25
180	20	180	20	180	30
240	20	240	20	240	30
300	20	300	20	300	30

Максимальная скорость сорбции нефтепродуктов при начальной концентрации 1,0 мг/дм^3 наблюдалась в течение первых 10–20 мин при использовании АУ 2-го цикла биологической регенерации. Последующие циклы регенерации привели к некоторому снижению скорости сорбции. После

3-го цикла биорегенерации уменьшается ёмкость сорбента, это можно объяснить тем, что часть микропор активного угля блокируется плёнкой микробных клеток и продуктами их метаболизма. Физиологический раствор, который используется для промывки сорбента после каждого цикла биорегенерации, позволяет удалить биомассу микроорганизмов только с мезопористой и внешней (макропористой) поверхности угля. Таким образом, отработанный по нефтепродуктам актианый уголь, наиболее эффективно может быть использован для очистки сточных вод в течение 3-х циклов сорбции-биорегенерации.

С целью повышения эффективности использования АУ после 3-го цикла сорбции-биорегенерации сорбент промывали раствором концентрированной соляной кислоты в соотношении Т/Ж 1:20. Далее в течение 30 минут раствор с углем кипятили в дистиллированной водой и отмывали до установления значений pH близкого к нейтральному. После такой обработки сорбент вновь может повторно использоваться в циклах сорбции-биорегенерации с высокой эффективностью, которую оценивали по его сорбционным свойствам (табл. 3)

Таблица 3

Сорбционная способность АУ, прошедшего три цикла сорбции-биорегенерации и дополнительную химическую обработку

Время сорбции, мин.	ХПК раствора, мг O_2/л	Наличие микроорганизмов-деструкторов нефти в растворе
0	560	—
20	320	—
40	182	—
60	20	—
120	20	—
180	20	—
240	20	—
300	20	—

Активный уголь, прошедший 3 цикла сорбции-биорегенерации и обработанный соляной кислотой, полностью восстанавливал свои сорбционные свойства. Минимальное значение ХПК очищаемого раствора, составило

20 мг O_2/л, после 60 минут сорбции, что соответствует результатам, полученным при очистке сточных вод от нефтепродуктов при использовании исходного активного угля. Восстановление сорбционной емкости АУ указывает на то, что применение химических реагентов для регенерации позволяет удалять плёнки микробных клеток с его поверхности и продукты их метаболизма из микропор сорбента.

Таким образом, в результате проведенных исследований, отработанный по нефтепродуктам активный уголь может быть подвергнут биологической регенерации с помощью микроорганизмов-деструкторов нефти. Возможно многократное использование угля, но после трех циклов его работы требуется применение химического метода регенерации для полного восстановления его сорбционной емкости.

Изучение процесса биорегенерации углеродных сорбентов, насыщенных фенолом

Загрязнение поверхностных вод органическими соединениями наблюдается во многих промышленных регионах. Фенолы являются одним из наиболее распространенных загрязнений, поступающих в поверхностные воды со стоками предприятий нефтеперерабатывающей, сланцеперерабатывающей, лесохимической, коксохимической, анилинокрасочной промышленности и др. В сточных водах этих предприятий содержание фенолов может превосходить $10–20$ г/дм^3. В то время как ПДК фенола в водных объектах хозяйственно-питьевого и культурно-бытового водопользования составляет $0,001$ мг/дм^3 [24].

В поверхностных водах фенолы могут находиться в растворенном состоянии в виде фенолятов, фенолят-ионов и свободных фенолов. Они могут вступать в реакции конденсации и полимеризации, образуя сложные гумусоподобные и другие довольно устойчивые соединения. В условиях природных водоемов процессы адсорбции фенолов донными отложениями и взвесями играют весьма незначительную роль.

Методы глубокой очистки сточных вод от фенола условно можно разделить на две группы: регенеративные и деструктивные.

Применение регенеративных методов при очистке сточных вод на химических производствах позволяет извлекать фенолы с их последующим применением. Существуют следующие регенеративные методы извлечения фенолов — экстракционная очистка, перегонка, ректификация, адсорбция, ионообменная очистка, перевод фенолов в малорастворимые соединения и др.

К основным деструктивным методам обезвреживания сточных вод, содержащих растворенный фенол, относятся химические методы (термоокисление, окисление химическое, электрохимическое окисление, гидролиз), а также методы биологической очистки. Деструктивные методы применяют в случае невозможности или экономической нецелесообразности извлечения примесей из сточных вод [25].

Среди существующих методов очистки воды от фенола наиболее часто применяется адсорбционный метод, реализуемый в локальных установках с использованием промышленных активных углей в качестве адсорбентов. Экономичность такой очистки может быть обеспечена лишь при многократном использовании АУ, а также при условии, что восстановление их сорбционных свойств происходит достаточно эффективно. В связи с этим ведется поиск методов регенерации отработанных угольных сорбентов.

Известно, что фенолы — соединения нестойкие и подвергаются биохимическому окислению. Поэтому одним из эффективных методов регенерации может стать биохимическое окисление фенолсодержащих сорбентов, поскольку процесс проводится при нормальных условиях, к тому же использование микроорганизмов позволяет решить проблему вторичных загрязнений. Экспериментально было установлено, что адсорбция фенола носит физический характер и не приводит к образованию прочных связей с адсорбентом [26].

Согласно теории Эндрюса и Чи Тина [27] регенерация АУ происходит в результате протекания биологических процессов на его поверхности в сочетании с процессами адсорбции, десорбции и диффузии в порах. С достижением некоторой критической скорости биоокисления в биопленке и жидкости возникает обратный адсорбции концентрационный градиент. Органическое вещество метаболизируется.

Можно предположить, что освобождение мезопористой и внешней (макропористой) поверхности угля от адсорбированного вещества (фенола) при биорегенерации может осуществляться как под действием экзоферментов, так и при непосредственном контакте с микробными клетками, а транспорт субстрата и продуктов деградации из микропор в объем жидкости обеспечивается обратным концентрационным градиентом.

В ходе исследований из поверхностных вод методом накопительных культур выделен консорциум микроорганизмов, утилизирующих фенол [28].

Фенол обладает бактерицидными свойствами и при определенных концентрациях его в среде может вызывать резкое торможение роста и развития клеток микроорганизмов, окисляющих фенол. В связи с этим был установлен рабочий диапазон концентраций фенола для роста и развития выделенного консорциума аэробных микроорганизмов. С этой целью питательную среду с различной концентрацией фенола (0,1; 1,0; 1,2; 1,4; 1,6; 2,5; 5,0; 10,0 г/дм^3) инокулировали консорциумом выделенных микроорганизмов, способных использовать фенол в качестве единственного источника углерода, и проводили культивирование в стационарных условиях (30°C, 120 об/мин.). Прирост биомассы контролировали по изменению оптической плотности (D) фотоколориметрическим методом при λ=460 нм (рис. 5).

Как видно из рис. 5, рост микроорганизмов наблюдался при концентрациях фенола в среде 1,0–1,2 г/дм^3, т.е. подтвердилась способность выделенных микроорганизмов утилизировать фенол из среды. Меньшие концентрации его не обеспечивали заметного прироста биомассы. Содержание фенола 1,4 г/дм^3 и выше вызывали угнетение жизнедеятельности микроорганизмов.

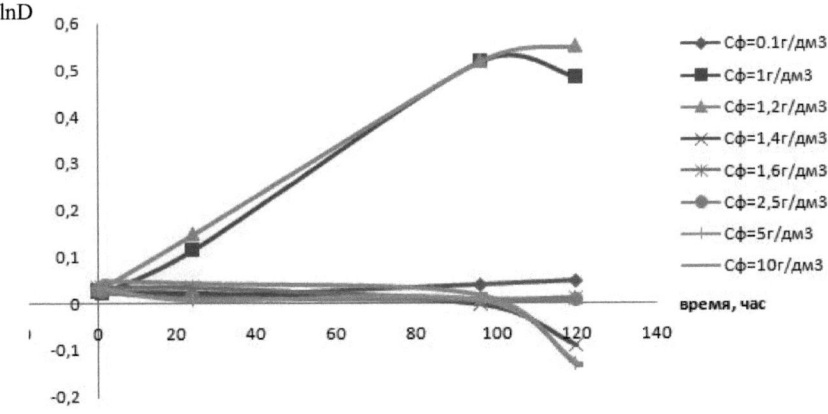

Рис. 5. Влияние концентраций фенола на рост микроорганизмов.

Для проведения экспериментов по биорегенерации АУ образцы исходного угля предварительно обеспыливали, подсушивали при 110ºС, фракционировали и стерилизовали при температуре 160ºС. Пробы стерилизованного АУ насыщали фенолом из водного раствора до содержания его в пробе 0,0018 г/г и 0,45 г/г угля, а затем обрабатывали суспензией микроорганизмов с концентрацией клеток $6,1 \times 10^6$ кл/см^3. Результаты эксперимента представлены в табл. 4.

Таблица 4

Зависимость сорбционной способности образцов активного угля, прошедших биорегенерацию, при различной степени насыщения фенолом

Время биорегене-рации, час	Исходное содержание фенола в порах АУ — 0,0018 г/г угля			Исходное содержание фенола в порах АУ — 0,45 г/г угля		
	Остаточное содержание фенола в порах АУ, мг/г угля	Адсорбционная активность по метиленовому голубому, мг/г	Степень регенерации, %	Остаточное содержание фенола в порах АУ, мг/г угля	Адсорбционная активность по метиленовому голубому, мг/г	Степень регенерации, %
0	1,823	12,50	6,2	422,80	12,50	6,2
0,5	1,800	57,50	28,6	420,50	42,50	21,2
1,0	1,420	74,75	37,2	342,50	113,75	56,7
1,5	1,350	95,25	49,0	310,56	121,25	60,4
2,0	1,214	111,25	55,4	292,70	136,25	68,0
3,0	1,105	128,50	64,0	200,10	138,56	69,0
24	0,960	156,58	78,0	189,40	170,30	84,8
48	0,890	167,60	83,5	167,20	177,40	88,4
120	0,764	180,34	90,0	144,23	182,50	91,0
144	0,751	184,10	91,7	110,10	188,00	93,6
168	-	-	-	70,50	190,00	94,6
312	-	-	-	50,45	197,30	98,3

* «-» исследования не проводились

Из табл. 4 видно, что при проведении биорегенерации на протяжении шести суток образцы АУ, насыщенные фенолом до содержания его в порах угля — 0,0018 г/г угля, восстанавливали свои свойства примерно на 90%. При этом содержание фенола в порах сократилось в 2,5 раза. Адсорбционная емкость по метиленовому голубому биорегенерированного АУ снизилась незначительно до 184.1 мг/г по сравнению с исходным АУ (200,8 мг/г).

Образцы АУ, содержащие 0,45 г фенола/г угля, восстанавливали сорбционную емкость более чем на 98%, при проведении эксперимента в течение 13 суток, и адсорбционная емкость по метиленовому голубому составила 197,3 мг/г. Содержание фенола в порах при этом снизилось примерно в 8 раз.

Наблюдения за изменением концентрации клеток микроорганизмов в процессе биорегенерации сорбента с различной степенью насыщения его фенолом (рис. 6) показало, что в течение первых суток эксперимента основное количество клеток закрепляется на поверхности АУ.

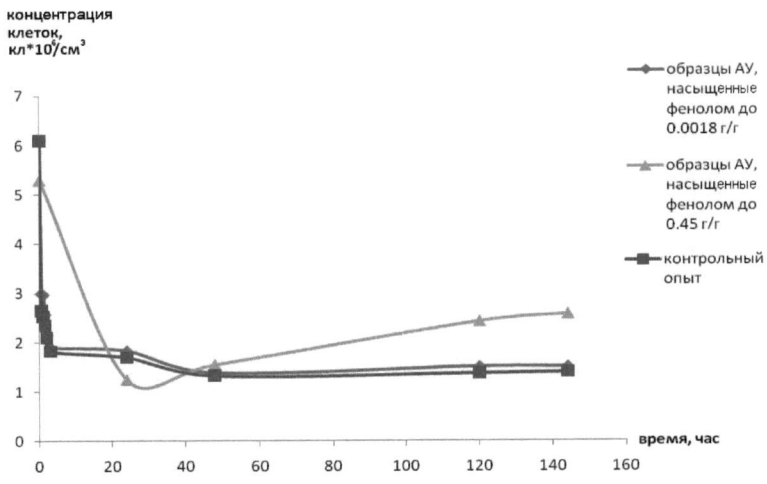

Рис. 6. Изменение концентрации клеток микроорганизмов в растворе в процессе биорегенерации образцов активного угля, насыщенных фенолом.

Аналогичное явление наблюдалось и при обработке инокулятом исходного АУ (контрольный опыт). С течением времени для образцов АУ исходного и содержащего 0,0018 г фенола/г угля концентрация клеток в жидкой фазе практически не менялась. В случае же биорегенерации сорбента, насыщенного фенолом до 0,45 г/ г угля количество клеток микроорганизмов в среде в течение последующих 6 суток проведения процесса постепенно увеличивалось. Это может указывать на более активный прирост биомассы за счет достаточного количества источника углерода.

Эффективность биорегенерации исследовали на образцах АУ после сорбционной очистки модельного раствора с исходной концентрацией фенола 50 г/дм^3 (рис. 7 а, б).

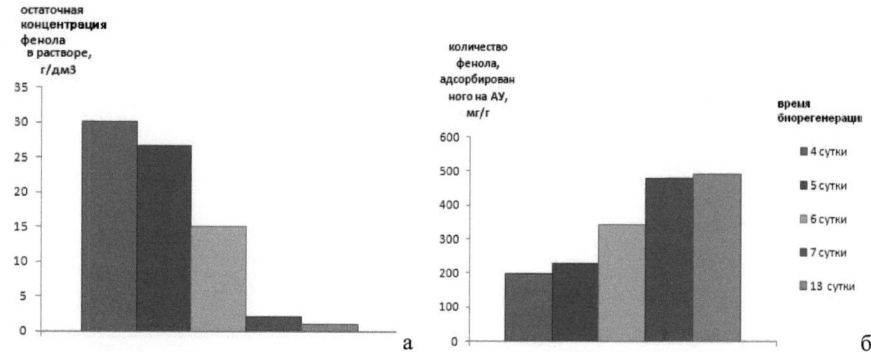

Рис. 7. Характеристики образцов активного угля, прошедших стадию сорбция-биорегенерация: а — остаточная концентрация фенола в растворе; б — количество фенола адсорбированного на АУ.

Наилучшие результаты, обеспечивающие остаточную концентрацию токсиканта в растворе 2,124 и 1,013 г/дм^3, получены при проведении процесса биорегенерации фенолсодержащего АУ в течение 7 и 13 суток соответственно. При этом емкость АУ по фенолу при повторном его использовании в цикле сорбции-десорбции после биорегенерации в течение 13 суток составила 491,5 мг/г или 98% от исходной емкости АУ (500 мг/г).

Таким образом, в результате проведенных исследований показана возможность биорегенерации АУ, отработанного по фенолу. Восстановление сорбционной емкости АУ происходит за счет жизнедеятельности адаптированных к фенолу микроорганизмов. Преимуществами биохимического метода регенерации являются низкие температуры процесса, небольшие объемы образующихся стоков, а также возможность многократного использования биомассы микроорганизмов.

Исследование возможности биохимической регенерации композиционного сорбента, отработанного по ионам тяжелых металлов

Синтез углеродного композиционного сорбента и исследование его свойств

Одной из важных проблем, связанных с ухудшением экологической обстановки, является загрязнение поверхностных и подземных вод различными токсичными веществами включая ионы тяжелых металлов (меди, железа, цинка, кадмия и т.п.) [29]. Ионы тяжелых металлов являются наиболее распространенной группой токсичных и инертных к биологическому окислению загрязняющих веществ, присутствующих в сточных водах гальванических цехов, предприятий рудного и шахтного производства, черной и цветной металлургии, машиностроения и металлообработки, химической, нефтехимической и других отраслей промышленности [22].

Тяжелые металлы накапливаются в почве, особенно в верхних гумусовых горизонтах, медленно удаляются при выщелачивании, эрозии и дефляции — выдувании почв; они всегда присутствуют в сточных водах городских очистных сооружений. Тем не менее, станции очистки не предусматривают специальных стадий по извлечению ионов тяжелых металлов (ИТМ), а в процессе биологического окисления эти вещества удаляются не полностью, вызывая при этом подавление активности биоценоза активного ила очистных сооружений.

На сегодняшний день существуют химические, физические, электрохимические методы очистки вод от ионов ТМ. Выбор метода очистки зависит от состава сточных вод, концентрации загрязнений, необходимости и возможности повторного использования очищенной воды и утилизации ценных компонентов.

Самый распространенный на сегодня метод очистки концентрированных стоков — реагентный. Применяемые при этом способы химического осаждения металлов (обработка стоков щелочью, карбонатами, сульфидами, железным купоросом) обладают рядом достоинств. Так, преимущество щелочной обработки – в ее сравнительной простоте, дешевизне используемого осадителя (известь), легкости автоматического контроля рН. Однако у этого метода есть существенные недостатки. Во-первых, поскольку некоторые металлы обладают амфотерными свойствами, не удается подобрать такой диапазон рН, при котором все ионы тяжелых металлов можно было бы осадить совместно до требуемых значений ПДК. Во-вторых, наличие в растворе комплексообразователей затрудняет выделение металлов. Известковые реагенты усложняют решение проблем, связанных с утилизацией осадка, а громоздкое реагентное оборудование и необходимость разделения стоков требуют значительных площадей для размещения очистных станций и большого объема строительных работ. Главная трудность, с которой сталкиваются предприятия, применяющие реагентную технологию, — дефицит основных реагентов.

Ионообменный метод позволяет очищать стоки от ионов тяжелых металлов до ПДК. Однако имеет ряд недостатков [30]:

- метод не решает проблему утилизации элюатов;
- требует предварительного отделения органических веществ;
- связан со значительными капиталовложениями и высокими эксплуатационными затратами;
- ставит производство перед проблемой дефицита ионообменных смол.

Для очистки питьевой воды от ионов тяжелых металлов химические методы не используются, поскольку содержание ИТМ в питьевой воде не велико. Во всем мире для подготовки питьевой воды применяются сорбционные методы очистки, которые основаны на процессах физической и химической сорбции.

В качестве адсорбентов чаще всего используют активные угли, углеродные волокна, полимерные материалы. Это связано с тем, что наиболее типичными примесями питьевой воды являются галоидуглеводороды и пестициды. Однако сорбция ионов тяжелых металлов на сорбентах такого типа низка. В промышленности для извлечения ИТМ так же широко используются неорганические сорбенты, но многие из них имеют ряд недостатков (дороги, имеют недостаточную сорбционную емкость по отношению к ИТМ) [31].

Известны так же разработки по использованию нетрадиционных видов сорбентов таких как горелая порода и базальтовое волокно. Но такие сорбенты не обеспечивают высокой степени очистки и требуют модификации химическими реагентами. [32].

Однако использование сорбентов такого типа может быть целесообразным на локальных очистных стадиях предприятий, где формируются стоки с относительно небольшим содержанием ИТМ, но превышающим ПДК. Тем не менее, известно, что в промышленности для извлечения ионов тяжёлых металлов (ТМ) из жидких сред широко применяют твёрдые сорбционные материалы — различные оксиды, гидроксиды, композиционные минеральные сорбенты [33].

Особенностью таких сорбентов является то, что при их применении в процессах очистки воды связывание ионов тяжелых металлов осуществляется только его поверхностным слоем, основная же масса сорбента практически остается неиспользованной.

С целью повышения эффективности использования неорганических сорбентов, их синтез проводили на поверхности углеродного сорбента с развитой системой пор различных размеров. В качестве углеродного носителя композиционного сорбента выбран активный уголь марки БАУ, обладающий развитой макропористой структурой что, позволяет разместить и закрепить на его поверхности активный компонент [2].

Образцы композиционного сорбента с высокой сорбционной способностью по катионам ТМ были нами синтезированы на поверхности активного угля БАУ-МФ по следующей химической реакции:

$2FeCl_3 + MgCl_2 + NaOH = \downarrow Mg(OH)_2 \cdot 2Fe(OH)_3 + 8NaCl$

При этом соблюдалось соотношение Fe^{3+}/Mg^{2+} 2:1 [34]

Сорбционные свойства композиционного сорбента по извлечению ионов меди, цинка и кадмия из водных сред определяли в статических условиях при их различном содержании в растворах (табл. 5)

Таблица 5
Сорбционные характеристики композиционного сорбента

Концентрация ионов ТМ в растворе C_0, мг/дм^3	Сорбционные характеристики композиционного сорбента по ионам					
	Cu (II)		Zn		Cd	
	Е	СО	Е	СО	Е	СО
25	0,08	99,0	0,07	96,3	0,04	98,2
50	0,16	99,4	0,15	99,2	0,06	70,4
75	0.24	99,6	0,21	99,3	0,07	56,8
100	0,34	99,7	0,28	99,5	0,12	67,2
125	0,39	99,7	0,34	87,3	0,15	66,1
150	0,47	99,7	0,41	89,1	0,19	73,7

Е—емкость сорбента по извлекаемому иону, ммоль-экв/г; СО—степень очистки (C_0—Стек)/$C_0 \times 100$, %.

Как видно из результатов, представленных в табл. 5, при увеличении концентрации извлекаемого иона от 25 до 150 мг/дм^3 емкость композиционного сорбента по ионам меди и цинка увеличивается практически в 6 раз, по ионам кадмия — в 4,7 раза. Однако емкость сорбента по ионам кадмия значительно ниже во всем исследуемом интервале концентраций.

Степень очистки растворов от ионов цинка и меди составила более 90% независимо от их концентрации в очищаемом растворе. Степень очистки раствора от ионов кадмия изменялась в пределах 56–98% и зависела от их содержания в растворе. Исследование степени вымывания активной добавки с поверхности носителя в процессе эксплуатации композиционного сорбента показало, что он является химически устойчивым.

Использование композиционного сорбента в процессе очистки воды от ионов тяжелых металлов приводит к образованию твердых отходов, подлежащих утилизации или регенерации.

Биорегенерация отработанного композиционного сорбента

Основным методом регенерации композиционных сорбентов является химическая регенерация. Одним из ее недостатков является необходимость дальнейшей отгонки растворителей [5]. К тому же химический метод непригоден для регенерации композиционных сорбентов на основе активных углей, т.к. он приводит к удалению всей активной добавки с поверхности и из пор таких сорбентов.

Как известно, ионы тяжелых металлов (в частности — ионы меди, цинка, кадмия) обладают хорошей способностью к комплексообразованию. В табл. 6 приведены константы нестойкости некоторых комплексов ионов меди, цинка, кадмия с некоторыми органическими лигандами, встречающимися в биологических системах, такими как аминокислоты [35].

Таблица 6

Константы нестойкости комплексов ионов меди, цинка, кадмия с некоторыми аминокислотами

Ион	Комплекс	Константа нестойкости, Кн
Комплексы с аланином		
Cu^{2+}	$[CuAla]^+$	$3,1 \cdot 10^{-9}$
	$[Cu(Ala)_2]$	$4,2 \cdot 10^{-16}$
Zn^{2+}	$[ZnAla]^+$	$6,2 \cdot 10^{-6}$
	$[Zn(Ala)_2]$	$2,9 \cdot 10^{-10}$
Cd^{2+}	$[CdAla]^+$	$1,6 \cdot 10^{-3}$
Комплексы с аспарагином		
Cu^{2+}	$[Cu(AspNH_2)_2]$	$1,25 \cdot 10^{-15}$
Zn_2^{2+}	$[Zn(AspNH_2)_2]$	$2,0 \cdot 10^{-9}$
Cd^{2+}	$[Cd(AspNH_2)_2]$	$1,6 \cdot 10^{-7}$

Из табл. 6 видно, что значения констант нестойкости комплексных ионов меди, цинка, кадмия с органическими лигандами очень малы, следовательно, сами комплексы являются достаточно прочными. Отсюда возникло предположение о возможности регенерации отработанного композиционного сорбента с помощью некоторых органических соединений, вырабатываемых в процессе жизнедеятельности микроорганизмов.

Такой способ основан на образовании координационных связей между ионами тяжелых металлов и биополимерным гелем, выделяемым слизеобразующими микроорганизмами [22, 36, 37, 38]. Этот гель богат белками, при этом аминокислоты, входящие в их состав, могут выполнять роль лиганда при взаимодействии с катионами металлов. Если образующиеся комплексные соединения окажутся более прочными, чем связь ионов меди, цинка, кадмия с активной добавкой композиционного сорбента, то сорбированные ионы тяжелых металлов перейдут в составе комплексов с аминокислотами в раствор. Это позволило предположить возможность проведения биорегенерации композиционного сорбента, отработанного по ионам меди, или цинка, или кадмия с применением слизеобразующих микроорганизмов.

Для изучения возможности проведения процесса регенерации отработанного по ионам тяжелых металлов композиционного сорбента была выбрана чистая культура слизеобразующих микроорганизмов. Наращивание биомассы микроорганизмов производили на жидкой среде МПБ [39].

Изучение параметров процесса биорегенерации отработанного композиционного сорбента осуществляли следующим образом: навеску насыщенного ионами металлов сорбента погружали в среду, содержащую слизеобразующие микроорганизмы, отобранные в экспоненциальной фазе роста, отношение Т/Ж составляло 1:100. Обработку композиционного сорбента биомассой проводили при температуре 27°С и постоянном перемешивании (скорость 150 об/мин); каждые 5–10 часов производили замеры оптической плотности среды для контроля накопления клеток слизеобразующих микроорганизмов (рис. 8).

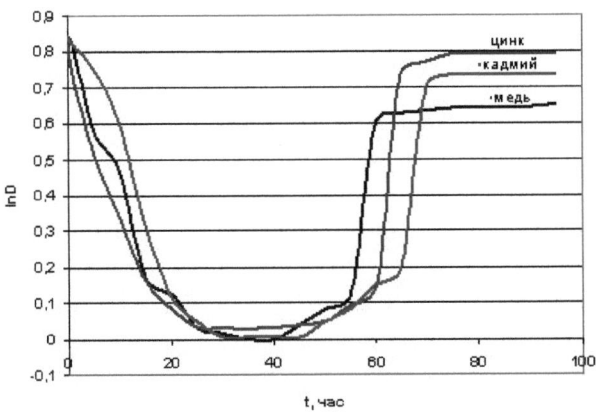

Рис. 8. Влияние отработанного по ионам меди, цинка, кадмия композиционного сорбента на содержание слизеобразующих микроорганизмов.

Показано, что в первые 20–30 часов контакта микроорганизмов с сорбентом концентрация микроорганизмов в среде падает практически до нуля, это свидетельствует о том, что микроорганизмы сорбируются композиционным сорбентом. В следующий промежуток времени (в течение 30–40 часов) наблюдалась стабилизация количества микроорганизмов в среде на низком уровне. Далее их концентрация в среде возрастала, что может указывать на выход микроорганизмов с поверхности сорбента в жидкую среду. При этом их конечная концентрация в растворе не достигала начального значения и прекращала изменяться по истечении 95 часов контакта сорбента с биомассой.

Сорбент отделяли от среды декантацией по истечении 95 часов контакта и промывали физиологическим раствором с целью удаления биомассы с поверхности пор. Промывной раствор соединяли с надосадочной жидкостью и обрабатывали раствором 20%-ной соляной кислоты для разрушения клеток микроорганизмов, содержащихся в растворе. Клеточные стенки микроорганизмов из раствора удаляли центрифугированием, а в надосадочной жидкости с помощью атомно-абсорбционного метода определяли содержание исследуемых ионов, а также ионов активной добавки сорбента: ионы Fe^{3+}, Mg^{2+} (табл. 7).

Содержание ионов металлов в растворах после биорегенерации отработанного
композиционного сорбента с различной степенью насыщения

Время регенерации, час	Концентрация ионов, мг/дм^3			Концентрация ионов активной добавки, мг/дм^3	
	Cu^{2+}	Zn^{2+}	Cd^{2+}	Fe^{3+}	Mg^{2+}
Сорбент насыщен ионами меди, цинка, кадмия при 25 мг/дм^3					
0	0	0	0	0	0
5	0	0	0	0	0
10	0	0	0	0	0
20	0	0	0,01	0	0
30	0,006	0	0,561	0	0
40	0,978	0,16	1,26	0	0
50	2,36	1,98	3,12	0	0,001
80	20,36	21,15	21,065	0,001	0,002
95	20,65	21,96	21,065	0,001	0,002
Сорбент насыщен ионами меди, цинка, кадмия при 50 мг/дм^3					
0	0	0	0	0	0
5	0	0	0	0	0
10	0	0	0	0	0
20	0	0	0,02	0	0
30	0	0	0,6	0	0
40	0,001	0	1,56	0	0
50	1,2	0,99	5,36	0	0
80	39,8	35,61	42,06	0,001	0,002
95	40,56	38,89	42,09	0,001	0,002
Сорбент насыщен ионами меди, цинка, кадмия при 100 мг/дм^3					
0	0	0	0	0	0
5	0	0	0	0	0
10	0,036	0,025	0,918	0	0
20	1,256	2,985	3,568	0	0,001
30	16,665	15,325	19,678	0	0,001
40	29,681	35,001	40,003	0	0,001
50	68,260	72,056	70,569	0,001	0,001
80	92,065	90,066	89,936	0,001	0,001
95	92,765	90,066	90,032	0,001	0,002

При контакте отработанного сорбента с биомассой появление ионов ТМ в растворе наблюдалось одновременно с микроорганизмами через 30–40 часов для сорбента, насыщенного ионами ТМ из растворов с концентрациями 25 и 50 мг/дм^3, и через 10 часов — для сорбента, насыщенного ионами из растворов с концентрацией 100 мг/дм^3. Максимальная концентрация ионов металлов в надосадочной жидкости определялась через 90–95 часов контакта отработанного сорбента с биомассой по всем исследуемым ионам. Таким образом, данное время можно считать оптимальным для полной биохимической регенерации композиционного сорбента (табл. 7).

Изучено влияние физиологического раствора на вымывание сорбированных ионов и ионов активной добавки из состава сорбента. Для этого образцы сорбента, насыщенные ионами меди, или цинка, или кадмия, подвергали обработке физиологическим раствором и параллельно такие же образцы обрабатывали соляной кислотой, отношение Т/Ж составляло 1:20, время контакта 20 мин. Промывную жидкость анализировали на содержание ионов меди, цинка, кадмия, железа (III) и магния (табл. 8).

Таблица 8

Эффективность извлечения ионов металлов из отработанного композиционного сорбента

Ион	Содержание ионов металла в сорбенте, моль/г	Содержание ионов металла в промывной жидкости	
		Раствор HCl, моль/г	Физиологический раствор, моль/г
Cu^{2+}	0,00498	0,00479	0,000
Zn^{2+}	0,01142	0,01112	0,001
Cd^{2+}	0,786	0,769	0,002
Fe^{3+}	0,723	0,723	0,000
Mg^{2+}	0,375	0,373	0,001

Установлено, что ионы меди, цинка, кадмия и ионы активной добавки не вымываются из сорбента физраствором, но удаляются полностью с его поверхности концентрированной соляной кислотой. Таким образом, физиологический раствор не влияет на процесс регенерации, а только способствует удалению биомассы с поверхности и из пор композиционного сорбента. С целью определения полноты протекания процесса биорегенерации проведен анализ остаточного содержания ионов металлов в образцах сорбента после регенерации и составлен материальный баланс по ионам меди, цинка, кадмия (табл. 9).

Таблица 9

Материальный баланс по ионам меди, цинка, кадмия при биорегенерации отработанных композиционных сорбентов

Ион	Cu^{2+}			Zn^{2+}			Cd^{2+}		
Концентрация ионов в исх. растворе,мг/дм^3	25	50	100	25	50	100	25	50	100
$E_{СТАТ}$, ммоль·экв/г	0,077	0,154	0,313	0,076	0,151	0,305	0,044	0,088	0,177
C_1, ммоль·экв/г	0,065	0,127	0,292	0,068	0,119	0,277	0,037	0,075	0,161
C_2, ммоль·экв/г	0,012	0,027	0,021	0,008	0,032	0,028	0,007	0,013	0,016
СР, %	82,21	80,69	92,72	87,69	77,36	89,98	84,03	83,95	89,94

Здесь Естат — статическая емкость отработанного сорбента, подвергшегося биорегенерации; C_1 — количество ионов металлов, удаленных в процессе биорегенерации, ммоль*экв/г; C_2 — количество ионов металлов, оставшихся в сорбенте после регенерации, ммоль*экв/г; СР — степень регенерации сорбента, равная $\dfrac{Ecmam - C_2}{Ecmam}$.

Биорегенерация отработанного композиционного сорбента с помощью слизеобразующих микроорганизмов протекает с достаточно высокой степенью восстановления: 80–92% для сорбента, отработанного по ионам меди, 77–89% — по ионам цинка и 83–89% — по ионам кадмия.

С целью исследования возможности многократного использования композиционного сорбента в процессах извлечения ТМ из жидких сред изучена сорбционная способность образцов сорбента, после биохимической регенерации. Сорбцию проводили в статических условиях при раздельном присутствии исследуемых ионов в модельных растворах и при оптимальных параметрах использования композиционного сорбента: начальные концентрации ионов в растворах 25, 50, 100 мг/дм^3; время контакта регенерированного сорбента с модельным раствором 4,5 часа, отношение Т/Ж 1:10, фиксируя остаточную концентрацию ионов меди, цинка, кадмия в очищаемом растворе (табл. 10).

Таблица 10

Остаточные концентрации ионов ТМ в растворах после очистки биорегенерированным сорбентом

$C_{НАЧ}$, мг/дм^3	Cu^{2+}			Zn^{2+}			Cd^{2+}		
	мг/дм^3	ммоль/г	$E_{ст}$, ммоль·экв /г	мг/дм^3	ммоль/г	$E_{ст}$, ммоль экв /г	мг/дм^3	ммоль/г	$E_{ст}$, ммоль экв /г
25	0,0096	$1,5 \cdot 10^{-5}$	0,081	0,568	0,0009	0,079	0,087	$7,8 \cdot 10^{-5}$	0,054
50	0,0156	$2,5 \cdot 10^{-5}$	0,162	0,986	0,0015	0,158	0,1002	$8,9 \cdot 10^{-5}$	0,092
100	0,0192	$3 \cdot 10^{-5}$	0,323	1,009	0,0016	0,316	0,1325	0,00012	0,181
ПДК, мг/дм^3	0,01			1,0			0,1		

Отработанный композиционный сорбент после биорегенерации, полностью восстанавливал свою емкость по ионам меди, цинка, кадмия. Остаточные концентрации исследуемых ионов соответствуют нормам ПДК при концентрации ионов в очищаемых растворах 25 мг/дм^3, а при более высоких — приближается к нормативным показателям. Показано, что степень очистки исследуемых растворов сорбентом, прошедшим регенерацию, достаточно велика и составляет 99,8 % по ионам меди, 99,5 % по ионам кадмия, 97—98,9% по ионам цинка.

Анализ полученных полученных результатов позволил сделать вывод, что предложенный способ биохимической регенерации композиционного сорбента, насыщенного ионами меди, или цинка, или кадмия и основанный на комплексообразовании ионов тяжелых металлов с биополимерами продуктов

43

метаболизма слизеобразующих микроорганизмов, достаточно эффективен. Степень регенерации сорбента составляет 80—92 % для образца, отработанного по ионам меди, 77—89 % — по ионам цинка и 83—89% — по ионам кадмия. Композиционный сорбент при этом полностью восстанавливает свою емкость и обеспечивает удовлетворительную очистку (степень очистки не менее 97 %) от исследуемых ионов в повторном цикле сорбции.

Углеродный биосорбент для извлечения ионов меди (II) из жидких сред и его регенерация

Слизеобразующие микроорганизмы, как было показано выше, способны достаточно прочно связывать и удерживать ионы ТМ. Представляло интерес изучить возможность синтеза углеродного биосорбента с использованием данного консорциума микроорганизмов. Исследования проводились на модельных растворах, содержащих ионы меди (II) в количестве 50 мг/дм^3.

Медь в малых количествах является жизненно важным и необходимым микроэлементом, а в определенных более высоких концентрациях приводит к отравлению и гибели живых организмов.

Физиологическая активность меди связана главным образом с включением ее в состав активных центров окислительно-восстановительных ферментов. Медь входит в число жизненно важных микроэлементов: участвует в процессах фотосинтеза, клеточного дыхания; синтезе белка, образовании костной ткани и пигмента кожных покровов; активирует синтез гемоглобина [40].

Важное биологическое значение имеют катионы Cu^+ и Cu^{2+}. В таком виде медь входит в важнейшие комплексные соединения с белками (медь-протеиды).

Однако в концентрациях, превышающих ПДК (1,0 мг/дм^3), медь входит в группу веществ токсичных для человека, животных и растений, инертных к биологическому окислению.

Основными источниками поступления меди в окружающую среду являются предприятия цветной металлургии (промышленные выбросы, отходы, сточные воды), транспорт, медьсодержащие удобрения и пестициды, процессы сварки, гальванизации, сжигание углеводородных топлив в различных отраслях промышленности. Медь может появляться в результате коррозии медных трубопроводов и других сооружений, используемых в системах водоснабжения. В подземных водах присутствие меди обусловлено взаимодействием воды с медьсодержащими горными породами (халькопирит, халькозин, ковеллин, борнит, малахит, азурит, хризаколла, бротантин). Годовой объем техногенных поступлений меди в окружающую среду составляет: в атмосферу — 56 тыс. тонн, с отходами — 77, и с удобрениями — 94 тыс. тонн; в результате работы химических предприятий на поверхность Земли ежегодно поступает около 155 тыс. т. Вследствие сжигания угля и нефти в атмосферу ежегодно поступает около 2100 т меди.

Миграция меди, выносимой загрязненной металлом речной водой, сточными водами, осаждением из воздушной среды, выпадением с атмосферными осадками, а также результаты хозяйственной деятельности человека приводят к повышению концентрации меди в воде. Сточные воды ряда производств (металлургического, машиностроительного, химико-фармацевтического и др.) могут содержать до 400–500 мг/л меди. [41].

С кислородом медь образует оксиды, а с неметаллами – соли. Именно в виде этих соединений она присутствует в природных и сточных водах. Попадая в природные водоемы медь накапливается в донных отложениях в виде нерастворимых солей или присутствует в воде в виде ионов, что неблагоприятно влияет на живые организмы.

Известно, что медь обладает бактерицидными и бактериостатическими свойствами [41], т.е. угнетать рост и жизнедеятельность живых микроорганизмов. В связи с этим были проведены исследования по оптимизации условий выделения и культивирования слизеобразующих микроорганизмов устойчивых к присутствию ионов меди (II) в жидкой среде. Установлено, что выделенная культура микроорганизмов обеспечивает степень извлечения ионов меди (II) из модельного раствора – не более 44%. Сорбционную способность биомассы удалось увеличить за счет создания твердого биосорбента, путем закрепления живых клеток на поверхности пористого носителя. В качестве пористого носителя исследовали серию промышленных активных углей разных марок, отличавшихся природой сырья, методом активации, а, следовательно, и природой поверхности и характером пористой структуры [30].

АГ-3 — получают в виде гранул из каменно-угольной пыли и связующих веществ методом обработки водяным паром при температуре 850—950 °C.

БАУ — древесный дробленный уголь получают под воздействием водяного пара при температуре 800—950°C с последующим дроблением

СКТ-6 — получают методом химической активации (сернисто-калиевый метод активации) углерод-содержащего сырья на базе торфа.

КАУСОРБ 221 — получают дроблением на основе фруктовых косточек.

Характеристика использованных марок активных углей приведена в табл. 11.

Основные характеристики исследуемых активных углей разных марок.

Активный уголь		АГ-3	БАУ	СКТ-6	КАУСО РБ 221
Суммарный объем пор по воде (VΣ), см^3/г		0,847	2,048	1,050	0,676
Поглотительная способность (по метиленовому голубому), мг/г		129	139	181	173
Предельный объём сорбционных пор по бензолу (Ws), см^3/г		0,20	0,57	0,40	0,57
Объем макропор (VΣ- Ws), см^3/г		0,647	1,478	0,650	0,106
pH водной вытяжки		10,93	11,84	7,79	6,23
Насыпая плотность (ρ), г/см^3		0,465	0,190	0,400	0,476
Содержание поверхностных кислородных соединений, ммоль-экв/г	Основные	0,50	1,00	-	0,52
	кислые Сильнокислотные карбоксильные	0,05	0,05	-	0,05
	Слабокислотные карбоксильные	0,525	0,550	-	0,200
	Фенольные	0,215	0,075	-	0,475
Подавление роста микроорганизмов		нет	нет	нет	нет

Для различных марок активных углей характерен разнообразный состав поверхности, а так же развитая структура пор. Микропоры имеют размер 0,6–0,7 нм, мезопоры — 1,5–200 нм, а макропоры размером более 200 нм соизмеримы с размерами слизеобразующих микроорганизмов. Такая структура активных углей обеспечивает возможность закрепления клеток микроорганизмов на поверхности макропор.

Величина pH водной вытяжки активных углей характеризует уровень кислотности их поверхности и связана с ее химическим составом. На поверхности активных углей имеются как основные так и кислотные кислородные соединения [42]. Выявлено, что больше всего основных соединений содержится на поверхности активного угля марки БАУ, что подтверждается и величиной pH водной вытяжки (pH 11,84). Принимая во внимание, что pH поверхности активных углей представленных марок находится в пределах 7—12, а водные растворы солей меди (II) имеют слабокислую реакцию среды было изучено влияние pH среды на интенсивность роста микроорганизмов, которое оценивали путем построения кривых роста культуры при разных pH среды.

Накопление биомассы оценивалось по изменению оптической плотности (D). Наибольшая скорость роста микроорганизмов при отсутствии лаг-фазы. наблюдалась в диапазоне pH среды 6—8 (Рис.9). При этом существенного влияния pH на накопление биомассы микроорганизмов не выявлено.

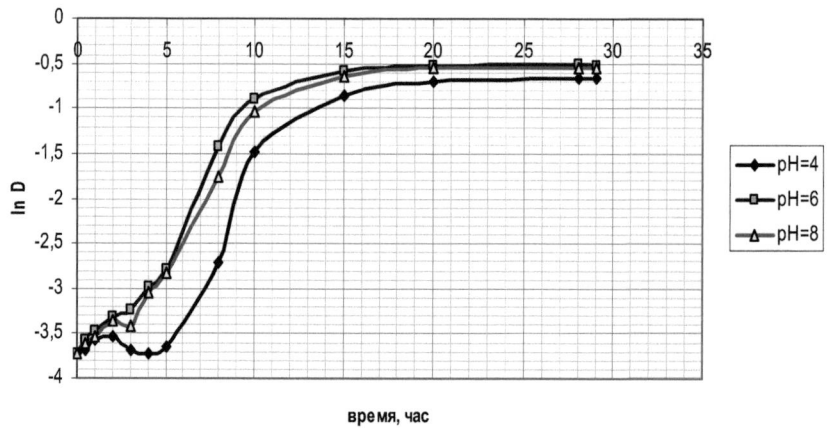

Рис. 9. Кривые роста культуры при разных значениях реакции среды.

Биосорбент синтезировали путем иммобилизации клеток выделенной слизеобразующей культуры на поверхность активных углей в динамическом режиме пропускания суспензии микроорганизмов через колонку, заполненную сорбентом (с рециклом) при нейтральной и слабощелочной реакции среды [43]. При таких условиях иммобилизации рост клеток не подавлялся и они достаточно прочно закреплялись на поверхности пористого носителя, что привело к созданию стабильного биосорбента.

Полученные образцы АУ с иммобилизованными клетками микроорганизмов доводили до воздушно-сухого состояния, а затем использовали в качестве биосорбента для извлечения ионов меди (II) из раствора. Эксперимент проводили путем погружения навески биосорбента в модельный раствор, содержащий 50 мг/дм^3 ионов меди (II) и через определенные промежутки времени определяли остаточную концентрацию Cu^{2+} методом атомно-абсорбционной спектрометрии [44] и рассчитывали степень очистки (табл. 12).

Таблица 12

Сорбционная способность биосорбента в сравнении с нативной биомассой выделенных микроорганизмов при исходной концентрации Cu^{2+} в растворе 50 мг/л

Время, ч	Степень очистки раствора биосорбентами, полученными на основе АУ разных марок, %				Степень очистки раствора чистой биомассой, %
Марка АУ	АГ-3	БАУ	СКТ-6	КАУСОРБ 221	
0,5	94,63	77,06	95,35	54,66	20,58
1	96,08	88,43	95,91	62,32	31,54
3	96,58	98,51	96,47	85,09	43,76

Показано, что основной процесс извлечения ионов протекает в течение 1 часа. К третьему часу контакта величина степени извлечения ионов меди (II) из раствора достигает 85—98% для разных образцов биосорбентов. Для сравнения — в этот же период времени чистая биомасса слизеобразующих микроорганизмов, обеспечивает степень извлечения не более 44%.

Таким образом, иммобилизация клеток слизеобразующих микроорганизмов на твердый пористый носитель позволила увеличить сорбционную способность биомассы от 44% до 98%.

Зависимость поглотительной способности биосорбентов от характера пористой структуры носителя иллюстрируют табл. 13 и рис. 10.

Таблица 13

Пористость активных углей и поглотительная способность, созданных на их основе биосорбентов.

АУ	Степень извлечения Cu^{2+}, %	Насыпная плотность, $г/см^3$	VΣ		Ws		Vмакропор	
			$см^3/г$	$см^3/см^3$	$см^3/г$	$см^3/см^3$	$см3/г$	$см3/см3$
АГ-3	96,58	0,465	0,85	0,39	0,20	0,09	0,65	0,30
БАУ	98,51	0,190	2,05	0,39	0,62	0,12	1,43	0,27
СКТ-6	96,47	0,400	1,05	0,42	0,33	0,13	0,72	0,29
КАУСОРБ 221	85,09	0,476	0,68	0,32	0,57	0,27	0,10	0,05

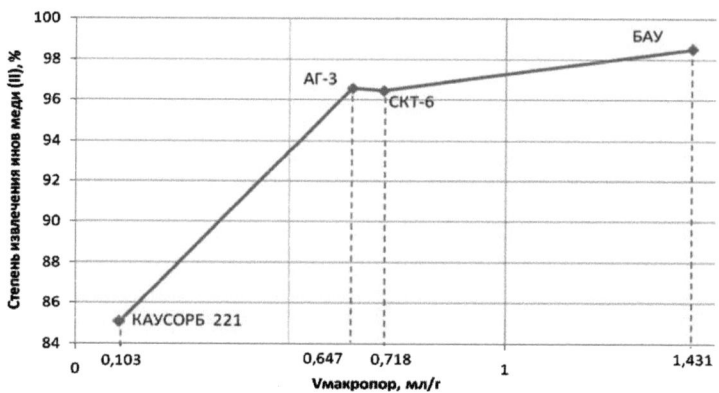

Рис. 10. Степень извлечения ионов меди (II) из раствора биосорбентом в зависимости от объема макропор активного угля.

Результаты экспериментов показали, что независимо от природы активного угля поглотительная способность биосорбента зависит только от объема макропор носителя, размеры которых соизмеримы с размерами клеток микроорганизмов. Наибольшая эффективность по очистке раствора от ионов меди (II) достигается при использовании биосорбента на основе активного угля марки БАУ, который обладает по сравнению с другими марками АУ большим объемом макропор, благодаря чему на его поверхности закрепляется большее количество клеток микроорганизмов, что и приводит к увеличению его поглотительной способности (рис. 10).

Таким образом, с увеличением объема макропор на единицу массы активного угля увеличивается и степень извлечения из раствора ионов меди (II) биосрбентом, полученным на основе угля соответствующей марки, независимо от природы сырья, и характера поверхности активных углей. Биосорбент на основе активного угля марки БАУ, который из всех использованных образцов АУ имеет наибольший объем макропор, обеспечивает максимальную степень извлечения ионов меди (II) из модельного раствора (98,5%).

Для дальнейших экспериментов, как наиболее эффективный, использовался биосорбент именно на основе активного угля марки БАУ.

Изучение процесса сорбции выбранным биосорбентом показало, что основная доля загрязняющих ионов поглощается в течение 1 часа контакта биосорбента с очищаемым раствором, степень извлечения при этом составляет 70%. К третьему часу контакта величина степени извлечения ионов меди (II) из раствора достигает 98,7%, что соответствует остаточной концентрации ионов меди (II) 0,65 мг/дм^3 (рис. 11).

Синтезированный биосорбент сохраняет свою сорбционную активность в широком диапазоне начальных концентраций ионов меди (II) в растворе (от 0,1 до 150 мг/дм^3), обеспечивая степень их извлечения более 94% (рис. 12).

Использование твердых биосорбентов целесообразно лишь при условии их регенерации и повторного использования в процессе очистки. В этом случае возможна реактивация только пористого носителя т.е. для дальнейшего использования необходима повторная иммобилизация клеток микроорганизмов на его поверхности.

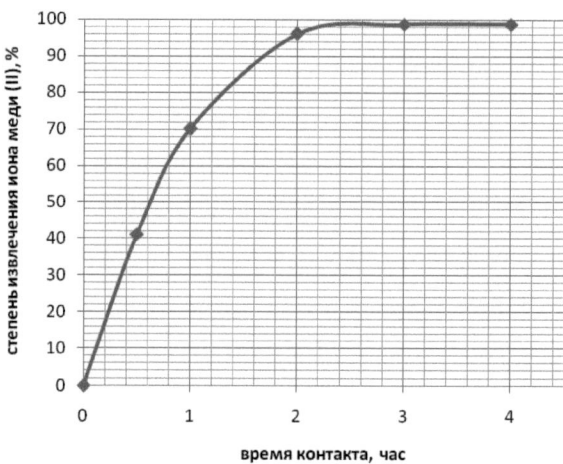

Рис. 11. Зависимость степени извлечения ионов меди (II) из раствора биосорбентом от времени контакта.

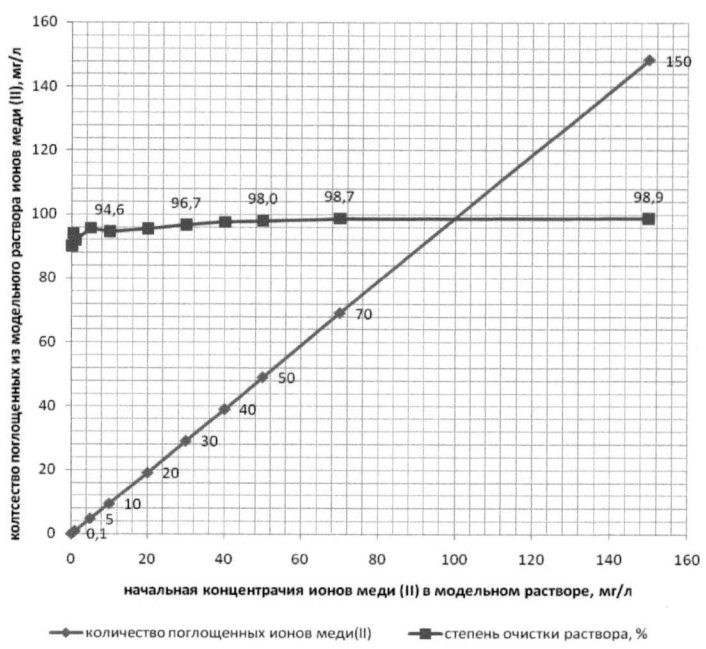

Рис. 12. Зависимость степени извлечения ионов меди (II) биосорбентом на основе угля марки БАУ от начальной концентрации Cu^{2+} в растворе (время контакта модельного раствора с биосорбентом 3 часа).

Регенерацию насыщенного Cu^{2+} биосорбента проводили путем смыва клеток микроорганизмов физиологическим раствором (0,9% раствор NaCl) и раствором азотной кислоты (1,5 М).

Физиологический раствор вымывает клетки из пор активного угля, не вызывая при этом гибели микроорганизмов, кислота же приводит к лизису клеток. Активный уголь после обработки регенерирующими растворами промывали водой и вновь использовали в качестве основы при синтезе образцов биосорбента, эффективность которых оценивали по их поглотительной способности.

Установлено, что сорбционная активность образца биосорбента, полученного на основе отрегенерированного раствором кислоты активного угля существенно уменьшается по сравнению исходным биосорбетом (рис.13).

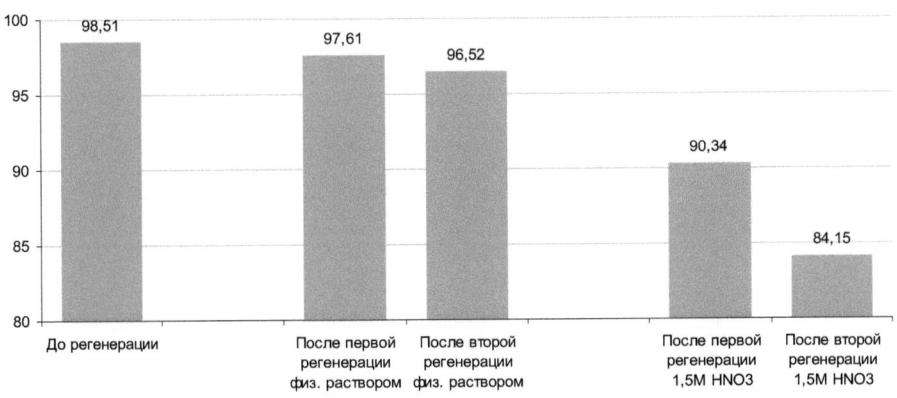

Рис. 13. Степень извлечения ионов меди из раствора биосорбентами после регенерации их физиологическим раствором и азотной кислотой (Снач Cu^{2+} 50 мг/дм^3, время регенерации — 3 ч).

Это связано с частичным окислением поверхности АУ кислотой и изменением его структуры. При регенерации биосорбентов физиологическим раствором происходит лишь вымывание закрепившихся на угле клеток микроорганизмов, поглотивших медь, без модификации поверхности.

Сорбционная активность биосорбента, полученного на основе АУ, отрегенерированного данным методом снижается лишь на 2–3%.

Концентрация иона меди в отработанном промывном растворе после регенерации угольного носителя возрастает примерно в 3 раза, по сравнению с начальным очищаемым раствором, что уже позволяет осадить ионы меди (II) из этого раствора в виде целевого продукта химическими методами.

Таким образом, показана возможность синтеза биосорбента на основе слизеобразующих микроорганизмов и активного угля марки БАУ и его использования для извлечения ионов меди (II) из водных растворов с концентрацией 1—150мг/дм^3. Это позволяет более эффективно очищать сточные воды от ионов тяжелых металлов и более рационально использовать реагенты для осаждения этих ионов в целевой продукт.

Проведенные исследования подтвердили принципиальную возможность биохимической регенерации сорбентов на основе активного угля, отработанных в процессе очистки сточных вод от нефтепродуктов, фенолов и ионов тяжелых металлов, а также возможность создания селективных сорбентов на основе активных углей и закрепленных на их поверхности клеток микроорганизмов.

Заключение

Представленные в работе результаты экспериментальных исследований показали принципиальную возможность осуществления биорегенерации углеродных сорбентов, насыщенных различными загрязнителями (нефтепродуктами, фенолом, ионами тяжелых металлов), с высокой эффективностью.

В качестве биосорбента в каждом конкретном случае использовался специально подобранный консорциум микроорганизмов. Степень биохимической регенерации отработанных углеродных сорбентов достаточно высока. Сорбент, прошедший цикл десорбции, на 97–98% восстанавливал свою сорбционную емкость.

В случае углеводородов и фенола поллютант в процессе биорегенерации, подвергаясь биоокислению, служит источником питания для микроорганизмов-деструкторов. При биорегенерации композиционного углеродного сорбента, насыщенного ионами тяжелых металлов, происходит их извлечение с поверхности сорбента в виде комплексных металлоорганических соединений, которые концентрируются в биологическом материале (клетках и продуктах метаболизма микроорганизмов) и в дальнейшем могут быть утилизированы.

Процесс биорегенерации в отличие от обычных методов регенерации сорбента протекает в мягких условиях, позволяет многократно использовать сорбент без снижения его сорбционной емкости и не приводит к образованию вторичных отходов.

В работе представлены результаты анализа литературных источников и собственных исследований, выполненных в соответствии с постановлением Правительства России №218 от 09.04. 2010 г. «О мерах государственной поддержки развития кооперации российских высших учебных заведений и организаций, реализующих комплексные проекты по созданию высокотехнологичных производств».

Литература

1. Кельцев Н.В. Основы адсорбционной техники. Изд. 2., переработанное и дополненное, М.: Химия, 1984. 592 с.

2. Мухин В.М., Тарасов А.В., Клушин В.Н. Активные угли России. М.: Металлургия, 2000. 352 с.

3. Лукиных Н.А. Методы доочистки сточных вод. М.: Стройиздат, 1978. 174 с.

4. Лукин В. Д., Анцинович И.С. Регенерация адсорбента. Л.: Химия, 1983. 214 с.

5. Смирнов А.Д. Сорбционная очистка воды. Л.: Химия, 1982. 168 с.

6. Очистка производственных сточных вод./ Под ред. Ю.И. Турского, И.В. Филлипова. Л.: Химия, 1967. 332 с.

7. Мрозовски С. Кинетика высокотемпературных процессов. М.: Металлургия, 1965. 170 с.

8. Кинле Х., Бадер Э. Активные угли и их применение. М.: Химия, 1984. 215 с.

9. Gitchel W.B. //LCHE Symp. Ser.1975. v.71.№ 151.p.414.

10. Сироткин А.С., Кошкина Л.Ю., Ипполитов К.Г., Емельянов В.М. Биологическая регенерация активированного угля в процессе очистки сточных вод от неионогенных поверхностно-активных веществ. //Биотехнология. 2002. №1.С.54-60.

11. Гончарук В.В, Козятник И.П., Клименко Н.А., Савчина Л.А. Естественная биорегенерация активных углей в фильтрах доочистки питьевой воды при их длительной эксплуатации. //Химия и технология воды. 2007. Т. 29. №6. С.546-559.

12. Клименко Н.А., Синельникова А.В., Невинная Л.В., Смолин С.К., Сидоренко Ю.В., Гвоздяк П.И. Влияние природы ароматических соединений на эффективность биофильтрования через активный уголь. // Химия и технология воды. 2008, Т. 30. №2. С. 171

13. Wayne A. Chudyk, Vernon L. Snoeylnk. Bioregeneration of activated carbon saturated with phenol //Environmental Science & Technology. 1984. V. 17. Speitel Jr. G. E., Digiano F.A.//J. Amer. Water Works Assoc.-1987.-79.-№1.-P.64-73.

14. Когановский А.М. Удод В.М. Лысенко В.В. Биологическая регенерация активного угля после адсорбции красителя активного ярко-красного 5СХ из водного раствора //Химия и технология воды. 1981. Т.3. №1. С. 81-82.

15. Xiaojlan Z., Zhansheng W., Xiasheng G. Simple combination of biodegradation and adsorption — the mechanism of the biological activated carbon process. //Water resources. 1991. V. 25. P. 165-172.

16. Rice R.G., Robson C.M. Biological Activated Carbon //Water Pollution Research. 1982. V. 56. P. 45-57.

17. Hutchinson D.H., Robinson C.W. A microbiolregeneration process for granular activated carbon.//Water resources. 1990. V.24. P.1209-1215.

18. Kaushik Nath, Marthurkumar S. Bhakhar, Suresh Panchani. Bioregeneration of spent activated carbon: effect of physico-chemical parameters //Journal of Scintific & Industrial Research. 2011.V.70. P.487-492.

19. Клименко Н.А., Кагановский А.М. Биосорбция и биорегенерация активного угля в технологии глубокой очистки сточных вод. // Химия и технология воды. 1997. Т.19. №2. С. 165-181.

20. Павлов В.Д. Вараксин С.О., Колесников В.А., Васильев Р.Н. Универсальная технология очистки сточных вод от нефтепродуктов. // Сантехника. 2011. №3.

21. Кузнецов А.Е., Градова Н.Б. Научные основы экобиотехнологии. М.:Мир,2006. 506 с.

22. Жмур Н.С.. Технологические и биохимические процессы очистки сточных вод на сооружениях с аэротенками. М.: АКВАРОС, 2003, 512 с.

23. Бочкова А.Е., Фарберова Е.А., Вольхин В. В., Виноградова А.В. Исследование возможности биохимической регенерации углеродных

сорбентов, отработанных в процессе очистки сточных вод от нефтепродуктов. //Вестник ПГТУ «Химическая технология и биотехнология». Пермь, 2007. №7, С.243-251.

24. СанПиН № 4630-88: Мин. здравоохранения. Москва, 1988.

25. Методы очистки сточных вод от растворенных фенолов. // www.refstar.ru.

26. Тимощук И.В. Изучение состояния поверхности активных углей после адсорбции фенола и формальдегида. //Экология и промышленность России. 2010. № 9. С.58-59.

27. Akta O. Bioregeneration of activated carbon in the treatment of phenolic compounds. //Environmental Technology Ph.D. Thesis: Boazici University, 2006.

28. Фарберова Е.А., Виноградова А.В., Никерова О.А. Изучение процесса биорегенерации активных углей, насыщенных фенолом, после проведения сорбционной очистки сточных вод, //Вода: химия и экология. 2012. №12, С. 89-94.

29. Будиловских Ю. Эффективная и доступная очистка промышленных стоков. //Экология и промышленность.1996. №8. С.20-22.

30. Бобович Б.Б. Переработка промышленных отходов. Учеб.для вузов – М.: Интермет Инжиниринг, 1999 – 446с.

31. Гончарук В.В., Подлеснюк В.В., Фридман Л.Е., Рода И.Г. Научные и прикладные аспекты подготовки питьевой воды // Химия и технология воды 1992. Т.14. №7. С.506-525.

32. Шевченко Т.В., Мандзий М.Р., Тарасова Ю.В. Очистка сточных вод нетрадиционными сорбентами. // Экология и промышленность России. 2003, С. 35-37.

33. Апамекова И.Ю., Сухорев Ю.И., Короткова Е.А. Исследование нового сорбционного материала на основе оксигидрата железа //Химия, технология, промышленная экология неорганических соединений. 1998. Вып. 1. С. 42-49.

34. Фарберова Е.А., Чебыкина Н.М., Вольхин В.В., Козырева В.П. Разработка сорбента на основе углеродных носителей для извлечения тяжелых

металлов из воды. // Вестник УГТУ-УПИ «Актуальные прблемы физической химии твердого тела». Екатеринбург, 2005. С.192-193.

35. Справочник химика, изд-е 2-е, доп и пер., т.3 / под ред. Б.П. Никольского, О.Н. Григорьева и др. Л.: Химия, 1964.

36. Mitić Ž., Nicolić G.S. Cakić M. Synthesis and Spectroscoic Characterization of Copper (II) – Dextran Complexes // Russian Journal of Physical Chemistry, 2007. Vol.81. No.9. P.1433-1437.

37. Никифорова Т.Е. Козлов В.А., Родионова М.В. Сорбция ионов меди модифицированным белково-целлюлозным комплексом барды. //Химия растительного сырья. 2008. №4. С. 41-46.

38. Mullen M.D. Bacterial Sorption of Heavy Metals.,/ D.C.Wolf. //Applied and Enviromental Mucrobiology. Dec. 1989. P. 3143-3149.

39. Фарберова Е.А., Козырева В.П., Вольхин В.В., Виноградова А, В. Исследование возможности биохимической регенерации композиционных сорбентов, отработанных по ионам тяжелых металлов в процессе очистки вод. //Вестник ПГТУ «Химическая технология и биотехнология». Пермь, 2007. №7, С. 234-242.

40. Слесарев В.И. Химия: Основы химии живого. СПб: Химиздат, 2005. 784 с.

41. Бандман А.Л., Гудзовский Г.А., Дубейковская Л.С. и др. Вредные химические вещества. Неорганические соединения элементов I-IV групп: Справ.изд. под ред. Филова В.А. Л.: Химия, 1998. 512 с.

42. Тарковская И.Н. Окисленный уголь. Киев,1981.200 с.

43. Гончарук В.В., Подлесник В.В., Фридман Л.Е., Рода И.Г. Научные и прикладные аспекты подготовки питьевой воды. // Химия и технология воды. 1992. Т.14. №7. С.506-525.

44. Методика выполнения измерений массовых концентраций токсичных металлов в пробах природных, питьевых и сточных вод атомно-абсорбционным методом. ФР.1.31.2007.03683.